原発事故と農の復興

避難すれば、それですむのか?!

小出裕章・明峯哲夫・中島紀一・菅野正寿

企画：有機農業技術会議

コモンズ

本書は、下記の公開討論会をベースにしている。

公開討論会「原発事故・放射能汚染と農業・農村の復興の道」

日時：2013 年 1 月 20 日(日)13 時半〜 17 時
場所：立教大学 池袋キャンパス マキムホール(15 号館)M202 教室
主催：NPO 法人 日本有機農業技術会議
共催：日本有機農業学会、コモンズ
討論者：小出裕章・明峯哲夫・中島紀一・菅野正寿
コーディネータ：大江正章

もくじ●原発事故と農の復興——避難すれば、それですむのか!?

はじめに

原発事故から2年が過ぎた。福島の被災地は、引き続き苦悩のなかにある。しかし、当初の大混乱がある程度は収まって、地域再興への論議も少しずつだが始まりだしている。

では、原発被災地の地域再興についての論点や議論の筋道は、どのように設定されるべきなのか。残念ながら、地に着いた論議の枠組みはまだ設定できていない。再興のための個々のアイディアの是非ではなく、いま、議論の大枠についてしっかり論議しておく時期に来ているのではないか。

本書のベースになった公開討論会はそんなタイミングと課題意識から企画され、２０１３年1月20日に行われた。企画したのは有機農業技術会議だから、主催者の関心は農業や農村にある。だが、それを農業・農村の身内で話すだけでは、展望ある論議にはなり得ない。反原発・脱原発の立場からのしっかりした原発事故論をふまえなければ、状況を拓く実のあるものとはなり得ない。とすれば、ぜひ反原発論の優れた旗手である小出裕章さんを交えて議論を進めたい。そんな思いからこの企画を小出さんにお伝えしたところ、快く賛成していただけた。

論議のテーマは、原発事故という深刻な事態のなかで農業・農村の現実を見つめ、そこから空論ではない展望を見つけ出していくという点に設定された。原発事故の中心的被災地は農村であり、漁村である。にもかかわらず、原発事故論として農村・漁村の問題が正面から論じられることはほとんどなかった。放射能については熱心に論じられてきたが、農村・漁村、農業・漁業については論議の枠組みさえ提示されていない。多少取り上げられたのは補償論だが、それも実に不十分のままだ。ただし、今回は漁村・漁業についてはまったく取り上げられなかった。残念だが、次の機会を待ちたい。

討論会では、小出さんから、「放射能汚染の実状をふまえるならば、国はより広い地域の避難、退去に取り組むべきだ」という持論と同時に、「最大の被害者は農業など第一次産業であり、その再興は必ず果たされなければならないが、避難との両立はたいへん困難である」という考えが示された。これに対して、農業・農村側の3人の論者からは、「農業や農村の再興は、その地にとどまることからしかありえない。その地にとどまって、暮らし続け、農業を営み続けることを前提に、道は探し求められるべきだ。事故後の2年間の経過をふまえるならば、そうしたあり方は実現可能であり、それはこれからの日本にとって価値ある取り組みなのだ」という主張が対置された。

ここから先の論議の内容は本書をお読みいただくしかないが、公開討論の4時間を振り返って、実りあるものだったと感じている。4人の論者の意見は多くの点で一致しつつ、大きな対立点も残され、その違いはある程度鮮明になった。本書で、その臨場感も感じていただけたら幸いである。しかし冷静に見守ってくださった。会場を埋め尽くした聴衆の方々も、論者たちの議論を熱く、

会場でも確認されたことだが、この公開討論は少し遅すぎたものの、とても大切な対話の始まりであり、本論はこれからの課題として残されている。読者の方々も加わっていただいて、引き続く論議とその深まりを期待したい。

公開討論会の主催者を代表して　中島紀一（有機農業技術会議事務局長）

問題提起1

放射線管理区域を超える汚染地域で農業をどう守るか

小出　裕章

原爆数百発分の放射能が撒き散らかされた

みなさんがもちろんご承知のとおり、２０１１年3月に東京電力福島第一原子力発電所の大事故が起こりました。

この日本は、１９４５年8月に二つの原爆を落とされて、広島と長崎が壊滅するという事態を受けた国です。原爆が落ちた後、広島も長崎も草木一本生えないというような話がありましたけれども、そうはならなかった。どちらも復興しました。それは事実です。

でも、それをみて、放射能なんてたいしたことないと思われる方がいるとすれば、間違いだと私は思います。なぜかというと、今回の福島の事故で放出された放射能の量は、広島と長崎の原爆が撒き散らした放射能の量の数百発分あるからです。大気中に出たものだけで数百発分あります。

そして、広島・長崎の原爆の場合には爆発してできた核分裂生成物という放射能は、キノコ雲として上空高くに吹き上がり、成層圏に入って、地球全体を汚染していったのです。一方、福島の事故の場合は、噴き出してきた放射能は地面をなめるように大地を汚しました。

その結果、猛烈な汚染地帯が広範囲に広がってしまったのです。面積で言うと、およそ1000㎢ありま す。ここはすでに無人地帯です。ここで長く農業をやってきた方がもちろんいるはずですが、そういう人びとは自分とつながっていたはずの土地から切り離されて、追い出されてしまった。十数万人が土地を奪われました。

その外側にも放射能汚染は広がっています。福島県の浜通りや中通り*では、1㎡あたり6万ベクレルを超えている。きょう一緒に討論する菅野正寿《すげのせいじ》さんが暮らされている二本松市も、その一部に含まれています。その汚染はどのぐらいのレベルかについて、説明させてください。

*福島県は、太平洋と阿武隈高地にはさまれた浜通り、阿武隈山地と奥羽山脈にはさまれた中通り、奥羽山脈の西の会津に分けられる。

放射線管理区域の基準を上回る汚染

私は京都大学原子炉実験所で放射能を取り扱う仕事をしています。普通の場所では、放射能を取り扱ってはいけません。私の職場のような特殊なところの、さらにごくごく限られた場所でしか取り扱ってはいけないことになっていて、そこを放射線管理区域と呼んでいます。放射線管理区域には、普通の人は立ち入ることさえできない。仮に入るときには、特殊な手続きをして、放射線の被曝の管理ができる測定器を身につけなければなりません。入ったら最後。水は飲んではいけない、食べものは食べてはいけない、寝てもいけない。仕事が終わったら、さっさと出る。それが放射線管理区域です。

そして、その放射線管理区域から出ようとすると、出口のゲートが閉まっているんですね。そのゲートを開けるには、一つの手続きをしなければなりません。どういう手続きか。体が汚れていないか？　実験着が汚れていないか？　手が汚れていないか？　これらを調べたうえでなければ、外に出てはいけません。外には普通の人が住んでいるのだから、普通の人を汚染させるようなことはしてはいけない。汚染度を調べないかぎりは出られない仕組みになっています。

そのときの汚染があるかないかの基準値が、１㎡あたり4万ベクレルなのです。それを超えているものは、何であれ放射線管理区域の外には持ち出してはいけないというのが、これまでの法律でした。「原子炉等規制法」、正式には「核原料物質、核燃料物質及び原子炉の規制に関する法律」です。

ところが、実際には、広い範囲が１㎡あたり6万ベクレルを超えて汚染されています。それも、私の手が汚れているとか実験着が汚れているとかいうのではなくて、大地そのものが汚れている。畑だって、田んぼだって、家だって、道路だって、山だって……。すべてが6万ベクレルを超えて汚れてしまっている。

もし日本が法治国家だというのであれば、本当なら人びとをそこから引き離さなければいけないことになります。でも、ここには農民が長いあいだ生きてきました。今日のこの会場にいる有機農業に興味のある方々も、ずっと土を愛して生きてきたでしょう。そうした人たちが、土地から離れないで、いまもここに住んでいるのです。国家が本当ならば放射線管理区域にしなければいけないけれども、もう人びとを追い出す力はない。人びとにそこに住み続けさせるしかないという判断をしたわけで、農民も他の人たちも住んでいます。もちろん、被曝をしながらです。

逃げてほしいが、農業をどう守るかも大切

被曝をしながら、それでも生活するために、農民は農作物を作り、酪農家は乳を搾り、畜産業者は肉を作るということをやらざるをえない。そういう時間が二年間も続いてきているし、これからもたぶんずっと続いていくでしょう。そういう汚染に私たちがどう立ち向かうのかが本日のテーマだと思います。

ただし、原則的なことを最初に私から述べさせていただくと、私はそうした場所には人が住んでほしくありません。菅野さんにも住んでほしくない。菅野さんのお子さんたちにも住んでほしくない。放射線管理区域の中で人間が生活するなんていうことは、私からみると到底許せません。なんとか逃げてほしい。

そして、本当に一番やるべきは、日本というこの国家がコミュニティごと、住んでいる人びとを移動させることだと思います。そうするには大きな力が必要だと思いますけれども、私はそれをやるべきだと思います。でも、残念ながら、日本の国家はそれをやらないでしょう。

そうであれば、こうした地域で農業をどうやって守っていくのかをやはり考えなければなりません。それがこの場のテーマだと思っています。途中でさまざまな議論になるかもしれませんけれども、よろしくお付き合いください。ありがとうございます。

問題提起2

福島の現状と農民の想い

菅野　正寿

地域資源を活用した地域づくり

福島県二本松市の旧東和《とうわ》町、福島第一原発から約48㎞で農業をしている、菅野正寿《すげのせいじ》です。ご存知のように、警戒区域で住民が避難した双葉《ふたば》町や浪江《なみえ》町などでは、残された牛が走り回っているという事態になっています。その双葉町や浪江町から私が暮らす東和の一帯は阿武隈《あぶくま》山地に位置し、山間部に田んぼがあり、かつては傾斜地に桑畑や牧草地が多く見られました。さらに、タバコや酪農が盛んだった地域です。阿武隈は、アイヌ語で牛の背中を意味します。その昔はアイヌ民族が住んでいたのでしょう。

しかし、生糸や牛肉の輸入自由化の波のなかで、養蚕農家も酪農家も大きく減り、とりわけ桑畑は荒れ放題となっていきます。それに対して、地域資源を活用した地域づくり、地域資源循環型のむらづくりをしようと、努力してきました。なかでも重視してきたのが桑畑の再生です。研究機関、行政、企業と連携して、桑の葉の成分を科学的に解明した結果、桑の葉に含まれるＤＮＪ（1-デオキシノジリマイシン）が血糖値の上昇を抑制することがわかり、20haの桑畑を復活させました（写真1）。おもな製品は桑の葉パウダー、桑の葉茶、桑の実ベリー、桑の実ジャムなどです。

また、独自の認証制度を設けた「東和げんき野菜」は、生協はじめ福島県内外の消費者から人気をよんでいます。大地を守る会や千葉市のなのはな生協など多くの首都圏のグループと、産直提携にも取り組んできました。

写真１　桑畑と棚田。急斜面も耕し、桑を植えた先人の汗を引きつぐ

実行されない支援

今日は、福島の現状についてお話しさせていただきます。

いまでも警戒区域や計画的避難区域から、福島県内に10万人、県外に6万人、合計16万人が避難しています。東京都には7000人です。これは異常な状態で、決して平時ではありません。まず、このことをしっかり認識してほしいです。

そして、低線量被曝や内部被曝をどう考えたらよいのか？　福島県産の米や野菜を食べるとどうなるのか？　厚生労働省が1kgあたり100ベクレルという食品の基準値をつくりましたが、では90ベクレルなら安心のか？　すべてが曖昧なままで、科学的に解明されていません。そうした状況が福島県民を本当に不安にさせています。

２０１２年６月21日に、「東京電力原子力事故により被災した子どもをはじめとする住民等の生活を守り支えるための被災者の生活支援等に関する施策の推進に関する法律」という非常に長い名前の法律が成立しました。略して原発事故被災者支援法と呼ばれています。しかし、支援はまだ実行されていません。支援の基準の放射線量を年間5ミリシーベルトにするか1ミリシーベルトにするかで、国会議員の議論がまとまってないからだそうです。

年間1ミリシーベルトは、時間に換算すると毎時0・23マイクロシーベルトになります。私は２０１２年の稲刈りが終わってから、40枚ある田んぼの空間放射線量をすべて測りました。だいたい０・５～０・７マイクロシーベルトです。自宅の前は０・３～０・４、家の中に入ると０・２、山に行くと０・８～０・９マイクロシーベルトに上がります。そういうところで農業をやっているのは、どうなのか。

私が一番心配しているのは娘です。いま24歳で、大学を卒業して２０１０年から一緒に農業をやっています。とても心配だったので、原発事故から半年後の秋、２０１２年の春、11月と、３回ホールボディカウンターで検査を受けました。３回目で、やっとＮＤになり、一応は安心しました。

でも、それがゼロかというと、そうではない。ホールボディカウンターの検出限界値は、体重1kgあたり10ベクレルなんですね。この数値をどう判断したらよいのかわからず、不安はずっと続いています。たとえば3ベクレルのお米や10ベクレルの野菜を食べてよいのかも含めて、科学者や研究者から見解が示されないので、不安が解消されません。ＮＤであっても安心はできないという事態が、私たち福島県民にはずっと続いていくと思います。

大事なのは、放射線量が一定の基準以上である地域で生活する被災者の医療や、子どもの就学の援助や食の安全・安心の確保などの支援が法律で決まった以上、すみやかに実行することだと私は思っています。

除染の実態

住宅については、二本松市では市内１６０社の大工さんや土建業者さんが二本松市復興支援事業協同組合をつくって、除染を始めました。費用は一戸平均80万～１００万円です。足場を組んで、雨どいをすべてきれいに拭き取ります(写真２)。高圧洗浄器は使いません。周囲の土は10㎝剥ぎ取ります。大きい屋敷では、1カ月くらいかかるでしょう。なかなか進みません。なお、高圧洗浄器による樹木の除染は、放射性物質を地面に流しただけです。多くの福島県民から、そのまわりを通学する子どもたちの安全性はどうなるのだという批判の声が上がっています。当然の声です。

写真２　二本松市で行われている住宅の除染

南相馬市や伊達《だて》市では、大手ゼネコンがこの除染作業をやっています。ところが、２カ月も経つと、空間放射線量が元に戻っているそうです。何百億円もの金をゼネコンに払って除染しても、結果的に数値は下がっていないというのが、福島の現状ではないでしょうか。

先ほどもお話ししたように、田んぼの空間放射線量は０・５マイクロシーベルトでも、山に向かって０・７、０・８、０・９と上がっていきます。だから、住宅の除染だけをいくらしても、田んぼの線量を下げても、限界がある。住宅のまわりや農地の周辺の樹木を伐採して、

図1　ウッドチップによる放射性セシウムの除染

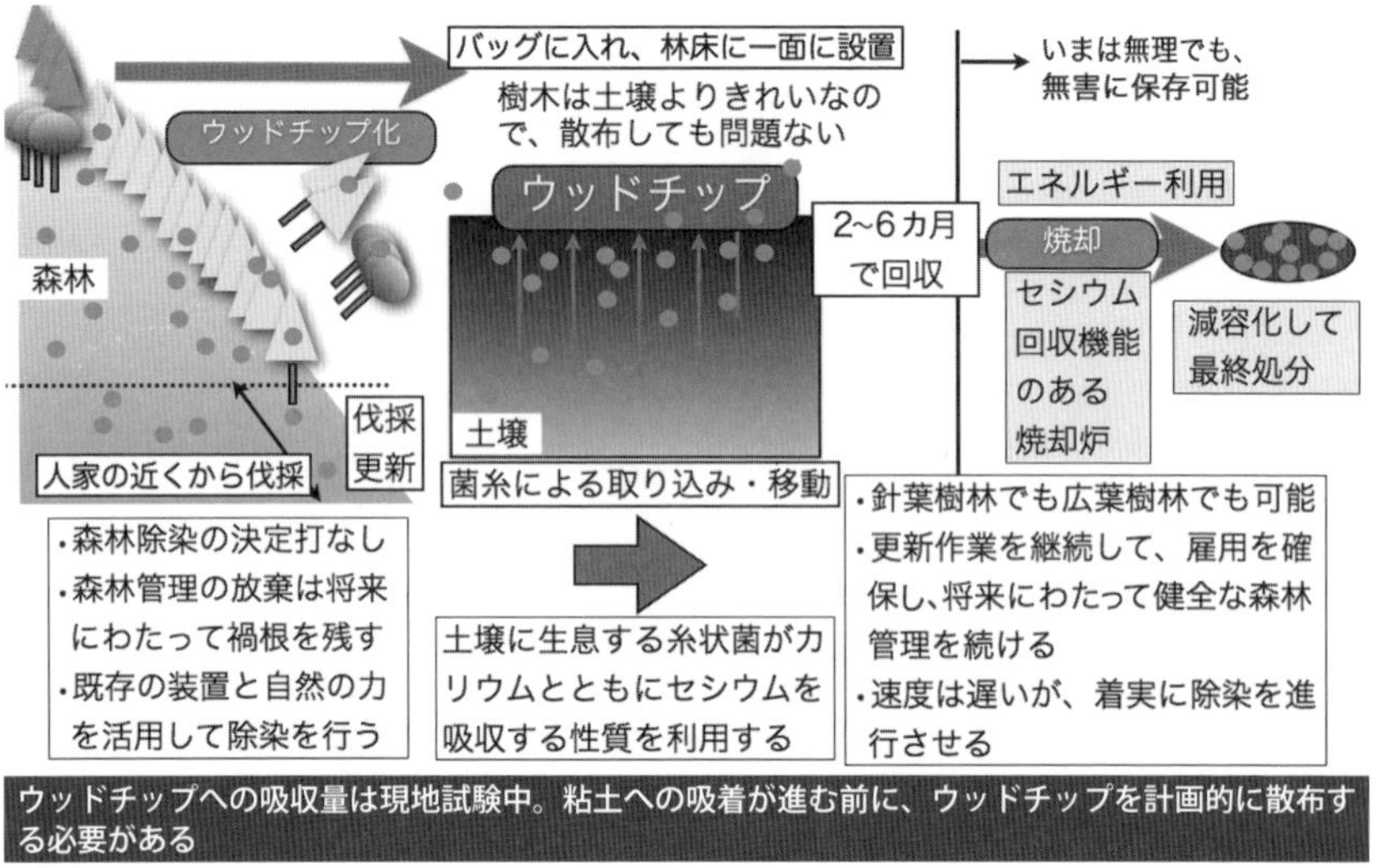

（出典）金子信博氏作成。

新たに苗木を植えるまでが本当の除染であり、それが東電の責任だと私は思っています。そのことを、もっと早くに声に出していく必要がある。それが私たち農民の被曝を下げていくことにつながるでしょう。いまゼネコンにつぎ込んでいる除染費用を、もっと県民の、そして農家の声を聞いた住民のための除染に使わなければならないと思います。

森林の除染はなかなか困難です。そして、10年も30年もかかるだろうと言われています。そうした状況のなかで、最近になって、横浜国立大学の金子信博先生から新しい方法の提案がありました（図1）。伐採した樹木のチップを山に敷いて、セシウム１３７を吸わせて除去するという方法です。

きのこ類にセシウム１３７が多く含まれるのは、カビ菌と、糸状菌という落ち葉が腐るときのカビが放射性セシウムを取り込むからのようです。新しい落ち葉に含まれるセシウムは低くても、２０１１年の落ち葉は非常に高く、数万ベクレルの場合もあります。だから、樹木のチップでセシウムを吸わせる作業を何回も繰り返していくというわけです。

私は、大学の研究者と住民・農民が協力して本当の除染を進めていくことがとても大事だと思います。福島の復興は、大手ゼネコン主導ではなく、住民と農家と研究者の協同で行わなければなりません。

2012年11月に、国連人権理事会の方たちが福島県に10日間入りました、その報告書では、日本政府に厳しい要望をしています。復興のプロセスには、住民、なかでも健康への問題も含めて弱い立場の人びとを参加させるべきだという要望です（20〜21ページ資料1）。この事実を環境省も農林水産省も経済産業省もしっかり受けとめてほしい。福島の現場に寄り添った、実態調査に基づいた復興のあり方を探っていくべきです。

写真3　水田を覆うセイタカアワダチソウ

変わってしまった風景と福島の奇跡

福島県内では、2012年産米の作付け面積は10年産より1万ha以上も減りました。二本松市では、20%減です。写真3は、私の自宅から車で15分の川俣《かわまた》町山木屋《やまきや》地区の2012年11月の風景です。ここは田んぼでした。2年間作付けされないと、セイタカアワダチソウがこのように繁茂する。大変な状況です。このままの風景を何年も続けてよいのでしょうか。

一方、私たち福島県有機農業ネットワークの仲間たちは、稲の作付けが禁止された南相馬市の小高《おだか》区で、農水省の許可を取って試験栽培を行いました。セイタカアワダチソウの生い茂る横で、米を作ったんです。すると、その田んぼの上だけにトンボが飛びました。有機ネットの前会長・根本洸一《こういち》さんの田んぼです。田んぼ(Tanbo)から生まれるのでトンボ(Tonbo)。こうした風景を取り戻したいと思いませんか。

ご存知と思いますが、福島県では２０１２年に穫れた米の全量全袋(1袋＝30kg)検査を行いました。私の収穫量は約9トンなので３００袋。二本松市内の４カ所、６台の機械で行いました。１袋の検査時間は15秒で、検出限界は11～12ベクレルです。

福島県全体では、99・8％が1kgあたり25ベクレル以下でした。２０１１年産米も１００ベクレル以下が98％でしたから、予想以上に米に放射性セシウムは移行しなかったわけです。中島紀一先生は「『福島の奇跡』は改めて検証されつつある」と『現代農業』の２０１２年12月号で、これについて述べておられます(32～35ページ参照)。チェルノブイリとは異なる温帯モンスーンの肥沃な日本の土壌、さらに福島県の土の力を私たちはあらためて見つめ直すべきでしょう。耕して作ったお米には、そして野菜にも、ほとんどセシウムは移行しなかったという事実が実証されてきました。このことを私たちはもっと多くの人びとに伝えたいと思っています。

学校給食については、二本松市では２０１２年の12月から、地元産の米と野菜の使用を再開しました。米は不検出のものですが、保護者のみなさんからはゼロでも使ってほしくないという声が強く、弁当を持参する子どももいます。また、じいちゃん・ばあちゃんは自分の家のお米を食べて、孫は遠くの産地の米を食べているという家庭も、あります。

地方の搾取で成立する都市

今回の問題は、単に「食べる、食べない」「逃げる、逃げない」という、いわば表面的な要素だけでなく、歴史という縦軸で見ていかなければならないと、私は考えています。冒頭で私は先住民としてのアイヌにふれましたが、私たちの祖先はもともとアイヌ民族でした。東北の農民は、昔も今も雪の中で生きてきました。半年近く雪に耐えて、夏はときに冷害に耐えて、貧しさからの解放をめざしたんですね。

ところが、第二次世界大戦前は農民兵士として命をとられ、戦後は首都東京のために、高速道路も新幹線もオリンピック施設も、東北農民の出稼ぎで建設しました。もちろん、食料も東北からです。電気も東北からです。一方で、産業廃棄物も原発も地方に押し付けてきました。この日本の構造そのものを見直していかなければなりません。

はっきり言えば、放射性セシウムがゼロでも食べないというのであれば、東北農民は白河の関の南にはお米を１kgたりともやらないぞという宣言をしたいですね。そのことも含めて、今日はみなさんと議論できればと思っていますので、よろしくお願いします。

〈資料1〉国連人権理事会 特別報告者のプレス・ステートメント（抜粋）

日本政府は、避難者の方々に対して、一時避難施設あるいは補助金支給住宅施設を用意しています。これはよいのですが、住民の方々によれば、緊急避難センターは、障がい者向けにバリアフリー環境が整っておらず、また、女性や小さな子どもが利用することに配慮したものでもありませんでした。悲しいことに、原発事故発生後に住民の方々が避難した際、家族が別々にならなければならず、夫と母子、およびお年寄りが離れ離れになってしまう事態につながりました。これが、互いの不調和、不和を招き、離婚に至るケースすらありました。苦しみや、精神面での不安につながったのです。日本政府は、これらの重要な課題を早急に解決しなければなりません。

食品の放射線汚染は、長期的な問題です。日本政府が食品安全基準値を1kgあたり500ベクレルから100ベクレルに引き下げたことは称賛に値します。しかし、住民はこの基準の導入について不安を募らせています。日本政府は、早急に食品安全の施行を強化すべきです。

日本政府に対して、放射線レベルを年間1ミリシーベルトに引き下げる、明確なスケジュール、指標、ベンチマークを定めた汚染除去活動計画を導入することを要請いたします。汚染除去の実施に際しては、専用の作業員を雇用し、作業員の手で実施される予定であることを知り、結構なことであると思いました。しかし、一部の汚染除去作業が、住人自身の手で、しかも適切な設備や放射線被曝に伴う悪影響に関する情報もなく行われているのは残念なことです。

また、日本政府は、すべての避難者に対して、経済的支援や補助金を継続または復活させ、避難するのか、それとも自宅に戻るのか、どちらを希望するか、避難者が自分の意志で判断できるようにするべきです。これは、日本政府の計画に対する避難者の信頼構築にもつながります。

訪問中、多くの人びとが、東京電力は、原発事故の責任に対する説明義務を果たしていないことへの懸念を示しました。日本政府が東京電力株式の大多数を所有していることは、突き詰めれば、納税者がつけを払わされる可能性があるということでもあります。健康を享受する権利の枠組みにおいては、訴訟にもつながる誤った行為に関わる責任者の説明責任を定めています。したがって、日本政府は、東京電力も説明責任があることを明確にし、納税者が最終的な責任を負わされることのないようにしなければなりません。

訪問中、被害にあわれた住民の方々、特に、障がい者、若い母親、妊婦、子ども、お年寄りなどの方々から、自分たちに影響がおよぶ決定に対して発言権がない、という言葉を耳にしました。健康を享受する権利の枠組みにおいては、地域に影響がおよぶ決定に際して、そうした影響がおよぶすべての地域が決定プロセスに参加するよう、国に求めています。つまり、今回被害にあわれた人びとは、意思決定プロセス、さらには実行、モニタリング、説明責任プロセスにも参加する必要があるということです。

こうした参加を通じて、決定事項が全体に伝わるだけではなく、被害にあった地域の政府に対する信頼強化にもつながるのです。これは、効率的に災害からの復興を成し遂げるためにも必要であると思われます。

日本政府に対して、被害にあわれた人びと、特に社会的弱者を、すべての意思決定プロセスに十分に参加してもらうよう要請いたします。こうしたプロセスには、健康管理調査の策定、避難所の設計、汚染除去の実施などに関する参加などが挙げられるでしょう。

この点について、「東京電力原子力事故により被災した子どもをはじめとする住民等の生活を守り支えるための被災者の生活支援等に関する施策の推進に関する法律」が２０１２年６月に制定されたことを歓迎します。この法律は、原子力事故により影響を受けた人びとの支援およびケアに関する枠組みを定めたものです。同法はまだ施行されておらず、私は日本政府に対して、同法を早急に施行する方策を講じることを要請いたします。これは日本政府にとって、社会的弱者を含む、被害を受けた地域が十分に参加する形で基本方針や関連規制の枠組みを定める、よい機会になるでしょう。

（出典）http://unic.or.jp/unic/press_release/2869/

＊読みやすくするために、一部の表記を変え、改行を加えた。

論点1

放射能の危険性と農産物の汚染状況をどう認識するのか

子どもへの重大な影響

小出 放射能の危険性に関しては、いまこの壇上にいる人間のあいだであまり意見の相違がないと思います。放射能とか放射線は、どんな意味でも危険です。

原子力を進めてきた人たちや日本の政府のなかには、1年間の被曝量が100ミリシーベルト以下なら安全だ、無害だと言う人もいます。また、1kgあたり100ベクレル以下が厚生労働省によって定められた食品の一般的な基準になっていて、それ以下なら安全だというようなことを政府は言いたがっているわけです。けれども、そんなことは決してありません。

外部被曝も内部被曝も、被曝は必ず危険です。どんなに微量でも危険があるということを十分にみなさんには認識しておいていただきたいと思います。そして、とくに子どもたちが危険だということです。おとなはどんどん感受性が鈍くなっていきますけれども、発達中の子どもたちが被曝に敏感だということを心にとめて、パネラーの方たちに議論していただきたいと思います。

——小出さんは、放射能の子どもへの大きな影響について、常に強調されてきました。

小出 被曝は子どもに重大な影響があります。原子力を選んだことに責任のない子どもたちが、放射線に敏感なのです。

図1に、放射線によってガンで亡くなる数の年齢による差を示しました。縦軸は1万人シーベルトあたりのガン死数です。シーベルトが被曝の単位だというのはみなさんご存知でしょうが、私はここで1万人シーベルトという単位を使っています。これをまず説明しましょう。

私がいま1シーベルトの被曝をしたとする。そして、私と同じように1シーベルトの被曝をした人を1万人連れてくると、合計の被曝量で1万人シーベルトになります。みなさんは1年間に1ミリシーベルト以上の被曝をしてはいけないと決められている。もしそれが守られるとすれば――福島の人たちはすでにそれが守られていないのですけれども――、1ミリシーベルトは1シーベルトの1000分の1ですから、1000万人が集まって1万人シーベルトになります。

それだけの合計の被曝の単位になったとき、ガンでどれくらいの方が亡くなるのでしょうか?

図1　放射線によるガン死の年齢による差

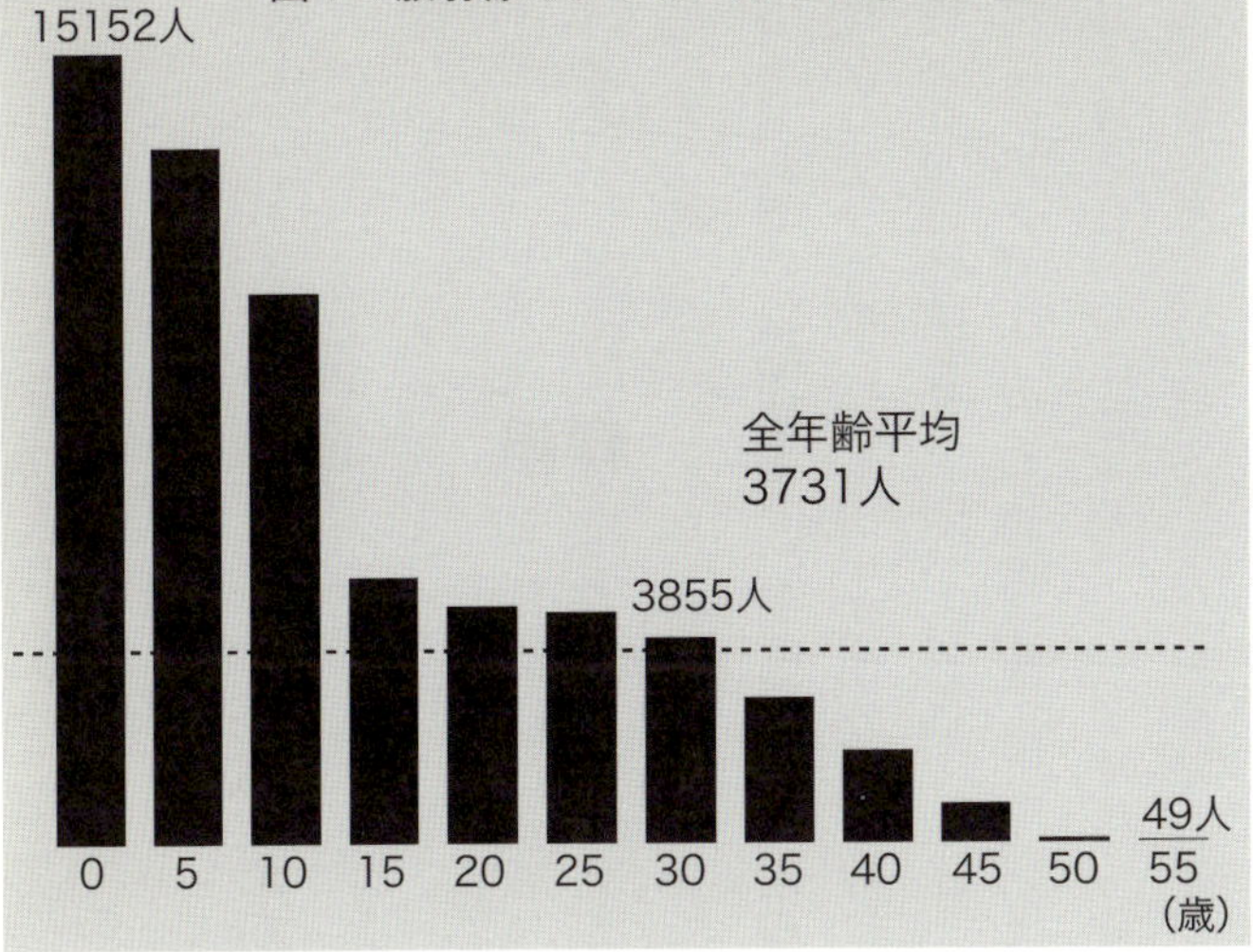

(注)白血病は除く。
(出典)J. W. Gofman, *Radiation and Human Health* に基づいて小出裕章作成。

ガンで赤ん坊が亡くなる危険は全年齢平均の4倍

仮に、その人たち全員が30歳であれば、385人が亡くなります。この危険度は、全年齢を平均したときの危険度とほとんど等しい。そして、歳をとっていくと、どんどん放射線に鈍感になっていきます。55歳にもなれば、図1の帯がほとんど見えません。

もちろん、55歳を過ぎている方にも放射線の危険はあります。それでも、平均的な危険度に比べれば、非常に鈍感になっているというのは本当です。逆に若い方はとても危険であって、0歳の赤ん坊の場合は、全年齢平均に比べて4倍も危険が大きくなります。

原子力を進めてきて、福島の事故を起こし、放射能汚染をもたらした張本人は、放射線の感受性がもうほとんどない50代以上です。また、30代以上は、この危険な事態を許したにもかかわらず、自らは危険をあまり負いません。一方、原子力を選んだ責任もないし、福島の事故を起こした責任もない5歳や10歳の成長盛りの子どもたちに、被曝のしわ寄せがいきます。これをどう考えるべきでしょうか。

今日は農業を何とかして守りたいと考える方たちが多く集まっているわけですが、この子どもの問題をどうするかがむずかしいと思います。

私は福島原発事故が起きてから、二つのことをやりたいと思い続けてきました。一つは、とにかく子どもたちを被曝させない。もう一つは、日本の第一次産業を守りたい。この二つの課題をどうすれば両立できるのかが私のなかの最大の難問になっていますし、このディスカッションの課題です。

——今日の大きなテーマを、最初から提起されました。その両立について考えるうえで大事なのは、農産物の放射能汚染の現状です。先ほど菅野さんから「福島の奇跡」という言葉が出ましたが、多くの方たちが福島の農産物の状況についてよくわかっていないと思います。そこで、中島さんから農産物の放射能汚染をどのように認識すべきなのか、話していただきましょう。

農産物からの放射能検出値は予想より大幅に少なかった

中島　福島全域が危険な地域になっていると小出さんはおっしゃいました。たしかに、原発事故直後は、福島で農業をやるのが可能なのかどうかわからなかった。茨城や千葉でも、露地野菜もハウスの野菜も相当な放射線量が計測され、流通が止められましたし、あの調子でずっと続くのであれば、農業はほぼアウトだなと思ったわけです。

２０１１年４月の段階では、たいへん多くの迷いがありました。国からは一応ゴーサインは出たんですけれども、それに根拠がたいしてあったわけではありません。それでも、結局、強制退去の地域以外では、ほとんどの人が畑を耕して、田んぼを耕して、種を播いて、稲を植えて、農業を行いました。どうなるかわからないけれども、とにかく農業は再開されていったわけです。

６月あたりから野菜の収穫が始まり、測ってみると、放射能はあまり検出されないんですね。行政に頼るのではなく、菅野さんの東和なんかは、自前の測定器を導入して測っていました。最初は測定技術が違うんじゃないかとか、外部からの放射能の混入があったんじゃないかとか思ったけれども、何度やっても高い数値は出ない。当時、理由はよくわからなかったのですが……。

収穫の秋を迎えてわかったことですが、福島県の２０１１年産のお米の場合、１kgあたり25ベクレル以下が約98％でした。２０１２年産米は99・8％が25ベクレル以下です（26ページ表１）。米については、ほとんど検出されないというのが普遍的な事実なんですね。

農産物によって出るものと出ないものがあると

表1　福島県2012年産米の全袋検査結果

〈スクリーニング検査〉

	測定下限値未満(＜25)	25～50ベクレル/kg	51～75ベクレル/kg	76～100ベクレル/kg	計
検査点数	10,094,223	20,042	1,381	87	10,115,733
割合	99.78%	0.2%	0.01%	0.0009%	99.99%

〈詳細検査〉

	25未満ベクレル/kg	25～50ベクレル/kg	51～75ベクレル/kg	76～100ベクレル/kg	100ベクレル/kg超	計
検査点数	132	40	295	317	71	855
割合	0.0013%	0.0004%	0.0029%	0.0031%	0.0007%	0.0085%

(注1)放射性セシウムは、セシウム134とセシウム137の合計値。
(注2)地域：福島県全域。
　　期間(検査日)：2012年8月25日～2013年1月26日。
　　検査点数：10,116,588点。
(出典) 福島県ホームページ。

か、品種によって出るものと出ないものがあるとか、チェルノブイリ原発事故の経験からさまざまな情報が届けられました。でも、結果として、ほとんどの農産物からほぼ検出されていません。栽培方法や場所による違いも、あまりない。これは、驚くべき事実です。

隠されたデータがあるんじゃないかという話もずいぶんあって、いろいろな人がいろいろな測定をしました。いまのところ、隠されたデータというのはほとんどありません。

では、放射能が検出されるものは何かというと、永年作物です。果物からは出ることがある。それから山野草や山菜などで出るものがある。また、筍《たけのこ》やきのこから出やすい。とくに、きのこは残念ながらけっこうな比率で出ます。ですから、きのこ産業の再建は、いまの状況が改善されなければ非常にむずかしいでしょう。

計算してみると、普通の作物は、田畑の放射能の量が作物に出てくる比率が１００分の１とか１

０００分の１という比率なんですけれども、きのこの場合は１・１とか１・２。要するに、そこの場所の放射能よりもやや濃縮するようなかたちで、放射能を吸収することがある。その性質を活かすと、菅野さんが少しふれたように、除染に使えるのではないかと考えられるぐらい、きのこは特別の面があります。こうした特別なものを除いては、ほとんど検出限界未満です。

　こうしてみると、もっとも心配されたことの一つが食べものの汚染でしたが、その汚染は非常に少ないという現実があります。

確率論的に危険性が相当に小さい領域がある

　小出さんは、現在の学問の到達点として以下のように述べられました。

「利用できる生物学的・生物物理学的なデータを総合的に検討した結果、被曝のリスクは低線量にいたるまで直線的に存在し続け、閾値《しきいち》＊はない」

　要するに、安全宣言ができる放射能の水準はない、確率論的に危険性のゼロはないということです。しかし、確率論的に危険性が低い場面はあります。高いところもあるけれども、低いところもある。農産物に関していうと、確率論的にゼロではないが、相当に低いという領域があるということなんですね。

　図２を見てください。これは、農産物放射能汚染の点数分布モデルです。Ａ、Ｂ、Ｃと三つの線が書いてあり、横軸の１kgあたり５００ベクレルは、２０１２年３月までの暫定規制値です。１kgあたり１００ベクレルは現在の基準値です。

　たとえばＡの線のように分布している、つまり５００ベクレルぐらいの農産物もけっこうあるという状況で議論するのと、Ｃの線の状況で議論するのでは、相当に違います。Ａの線は事故後はしばらくのあいだに想定されたものでしたが、現状はＣの線と考えてよいでしょう。お米は約１００

0万袋測って、99・8%は25ベクレル以下だったわけですから。

小出さんがおっしゃる放射能の危険性がゼロになることはないということを前提としたうえで、しかし、確率論的に食べものからの被曝の可能性は非常に小さくなっているということは、いまきちんと認識すべきではないかと思います。

図2　農産物放射能汚染の点数分布モデル

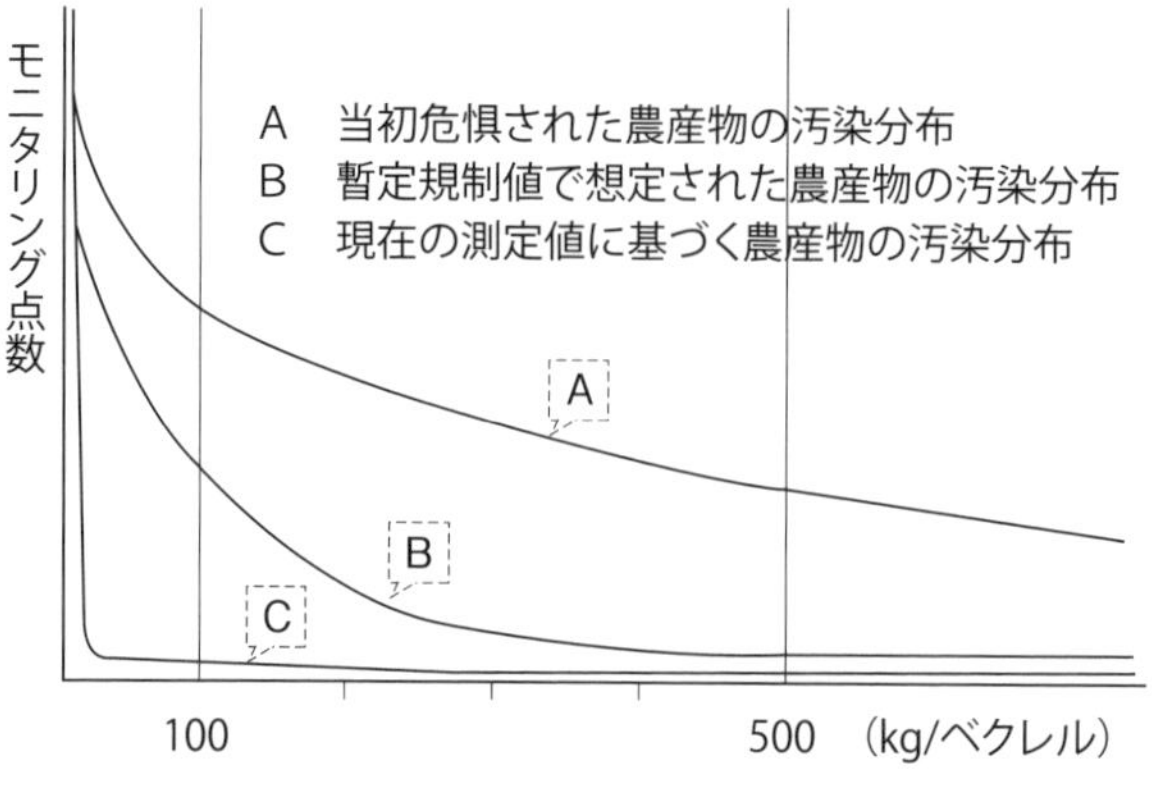

（出典）中島紀一作成。

現状では、基準値が1kgあたり500ベクレルから100ベクレルになったから、国民の食生活における被曝の確率が下がったとは、図2からは言えません。そうした基準値施策の結果によるのではなくて、100ベクレルであれ500ベクレルであれ、母数そのものが非常に小さかった結果として、農産物についての危険性は非常に小さかったというのが、この2年間の驚くべき事実だと思いますね。田畑も含めた環境に対しては大量の被曝があったにもかかわらず、農業に関して明らかになったこの事実は、放射能議論のなかでもう少し認識されてもよいのではないでしょうか。

＊閾値――ある反応が起こるときの最小の刺激値。境目となる値。

25ベクレル以下だからと言って安心できない

小出　いきなり核心に入ってきたようで……。覚悟して発言しようと思います。

　中島さんが99％が１kgあたり25ベクレル以下だとおっしゃったけれども、私から見ると、それは測定方法が悪い。１kgあたり25ベクレル以下の汚染は検出できない方法で測定しているのです。また、25ベクレル以下だとおっしゃるのはいいですが、それは汚染がないということとは違う。24ベクレルかもしれないし、23ベクレルかもしれない。25ベクレル以下は、ゼロではありません。汚染は必ずあります。

　そして、日本というこの国で、福島原発事故が起きる前のお米の汚染は１kgあたり０・１ベクレルしかなかった。そういう世界で私たちは生きてきたのに、いまは数十、あるいは国の基準では１００ベクレルというところまで安全だというような宣伝のもとで生きているということです。１００ベクレルにはもちろん１００なりの危険があるし、１００以下だって、99ベクレルならそれなりの危険がある。25ベクレルだって、それなりの危険があると私は思います。そして、５００ベクレルには５００の危険があるんです。それぞれどういうレベルで汚染しているかに、私たちがどうやって向き合うのかが問題なわけです。

　「１kg１００ベクレル以下ならば安全だから、みんな気にしないで食えよ」というのが日本の政府だし、中島さんのいまの話は、「ほとんどが１kgあたり25ベクレル以下なんだから、そんなに気にしないでいいんではないか」という意見に私には聞こえました。しかし、私はそうではないと思う。高い汚染を受けたものから、低い汚染のものまでが分布している。その分布している食べものに私たちがどう向き合うのかが問われていると私は思います。

明峯　小出さんが言うように、そしてぼくも科学者のはしくれとしてそう思うのですけれども、放射能の生物に対する影響に閾値がないというのは、そのとおりだと思う。１kgあたり25ベクレル以下や10ベクレル以下だから安全だということはないわけですね。どんなに少ない値であったとしても、何らかの形で影響を与えるということは当然考えなければならない。それは、議論の前提として確認しなければいけない。

原発推進派は、たとえば「25ベクレル以下だから、閾値以下だから心配ないです」という荒っぽい議論をしますが、私たちはそういう議論をしたいわけではありません。閾値がないわけですから、影響がわからない、あるいは危険・怖いということを前提にして議論を進めていくということを、冒頭の議論のなかで押さえたいと思います。

小出　繰り返しになりますけれども、私は子どもを守りたいんです。おとなは守りたくありません。おとなは汚れたものを食べる責任もあると思っていますし、１kgあたり25ベクレルと言わず、１００ベクレルだって５００ベクレルだって食べればいいと思います。きのこ産業が大変だろうと中島さんがおっしゃいました。本当に大変だと思います。きのこを育て、山で生きてきた農民は、これからいったいどうするのか。５００ベクレルを超えているきのこだってあります。それはどうするのかということが問われている。

私は５００ベクレルだっていいと思います。おとなが食べればいい。そして子どもはなるべくきれいなものを食べる。そういうシステムをつくることが必要になっていると私は思います。

数ベクレルまで下がったことを高く評価したい

中島　たしかに、いきなり議論の核心ですね。避難するか避難しないかという議論と、個人や年齢による感受性の違いという二つの話をどう整理するかが重要で、私としてはその二つを最終的にはセットで考えてみたらよいと思うのですが、ここではとりあえず放射線量の話をしたいと思います。

まず、小出さんのお話がありましたから、少し追加します。お米の全袋検査はまずスクリーニング検査として測定水準（検出限界）が1kgあたり25ベクレルで検査し、そこで問題ありと疑われた袋については、細かなゲルマニウム半導体検出器などでの測定（詳細検査）が同時に行われていて（26ページ表1）、そこでの測定値の水準はおよそ数ベクレル以下です。また、私たちが個別に調べているケースでもだいたい数ベクレル以下。

野菜については、福島県では3ベクレルぐらいを下限値にして測ったものを公表していて、ほとんどがND（検出せず）です。私は先ほど25ベクレル以下と言いましたが、それは23とか22という数値ではない。現状としては数ベクレル以下というところまできているということです。

そして、現実にここまで下がっていて、それとどう向き合うのかということが、いまの課題なのだと思います。農産物については、2年目で数ベクレルというレベルまできていることを積極的に高く評価すべきだと思います。

たとえば菅野さんの田んぼでも、1kgあたり6000ベクレルぐらいの土壌中の放射性セシウムがあったりします。そこで作った米が、検出限界1ベクレルの検査でNDであった。移行率で言うと6000分の1。そういう移行率が現実に福島の田んぼで生まれているのです。

論説1

検証されつつある「福島の奇跡」

中島紀一

土の力と農耕の結果

3・11大震災による福島第一原発の爆発事故で、福島や北関東の広範な地域は深刻な放射能汚染を被った。田畑も例外なく汚染された。当然、その田畑から生産された農産物についても深刻な汚染が心配された。

しかし、事故後の2011年4月以降に、耕され、種を播いて育てられた農産物からは放射能はわずかしか検出されなかった。分析してみれば土は確実に放射能に汚染されているのに、そこから収穫された農産物からは放射能がわずかしか検出されないのである。

それは、特別な栽培方法、特別な田畑に見られる例外的・特殊的な現象ではなく、一般的で普遍的な現象だった。2011年の夏から秋にかけてこの事実を眼の当たりにして、驚き、感動して、これは「福島の奇跡」だと理解した。

2012年の春、原発事故後2年目の作付けが開始された。「福島の奇跡」は2年目の作付けにも表れてくれるのかどうか。心配と期待が錯綜する半年だった。収穫の秋を迎え、前年以上に「福島の奇跡」は明確に表れた。本当によかった。後で述べるように、これは「土の力」とそれを引き出した「農人たちによる農耕の結果」である。まずは、そのことに感謝と敬意を表したい。

すべて基準値以下

具体的な測定データを例示しよう。農産物の放射能測定については福島県による測定データが飛び抜けて広範で厳密なので、以下は福島県による測定値である。これらは、福島県のホームページに逐次掲載され、公表されている。

①米

福島県では収穫されたすべての米について、全袋検査という気が遠くなるような測定体制で臨んでいる。８月25日～10月６日の中間的集計データは、次のようになっている。

全測定数は１２７万９９８９検体。検出下限値以下（１kgあたり25ベクレル以下）は１２７万９４４０検体、26～50ベクレルは５１８検体、51～75ベクレルは31検体、76～１００ベクレルはゼロ検体、１０１ベクレル以上はゼロ検体。

②野菜

やはり膨大な測定件数にのぼっている。ここでは、９月20日～26日に採取分析された９月26日公表分について、あげておきたい。測定数73検体。検出下限値以下（おおむね１kgあたり４ベクレル以下）は71検体、５～１００ベクレルは２検体、１０１ベクレル以上はゼロ検体。

③果物

特産物であるモモを取り上げよう（収穫が完了）。データは７月３日～９月27日のものである。測定数２０５検体。検出下限値以下（１kgあたり４ベクレル以下）は１５７検体。５～10ベクレルは41検体、11～35ベクレルは７検体、36～１００ベクレルはゼロ検体、１０１ベクレル以上はゼロ検体。

厚生労働省が食品衛生法に基づいて設定した一

般食品の放射性セシウムの安全性基準値は、1kgあたり100ベクレル以下である（ちなみに、2011年3月に厚労省があわてて設定した暫定規制値は500ベクレルだったが、2012年4月に改定された）。したがって、福島の農産物はすべて基準値以下であり、しかもその数値はきわめて低い。

農人たちの努力の成果

こうした諸事実について、私は「福島の奇跡」と呼称している。その一つの理由は、チェルノブイリ原発事故の経験と福島原発事故にかかわるこれらの事実は著しく異なっているからである。チェルノブイリの調査報告によれば、彼の地では農産物の汚染は数年間は高濃度で経過し、低下していくのはおおむね数年後からだったとされている。それに対して福島では、農産物が高濃度で汚染されていたのは事故後2カ月間ほどである。それ以降は、汚染度は劇的に低下していた。

なぜ、福島ではこのような「奇跡」とも言うべき事態がつくられたのか。それは、最初にも書いたように「土の力」とそれを引き出した「農人たちによる農耕の結果」だった。

「土の力」とは、土が放射性セシウムを強く吸着固定して、作物への移行を強く阻害しているという意味である。また、土は放射性セシウムから発せられるガンマー線を遮蔽してくれている。

「農人たちによる農耕の結果」とは、放射性セシウムがごく薄く表面に沈着していた田畑を農人たちが耕耘し、放射性セシウムを土（それは、沈着した放射性セシウムの質量と比べれば膨大な量と評価できる）とていねいに混和したという事実を、主として指している。その結果、地表に沈着した放射性セシウムは土に吸着固定されることになった。

以上は一年生の作物については普遍的に言えることのようだが、モモなどの果樹（永年作物）については、そのままでは当てはまらない。果樹は原発事故の放射能を直接浴びており、放射性セシウムは幹にも枝にも沈着したままとなっている。だから、そのままでは果実には放射能が移行してしまう。

事故後1年目の収穫物の測定値は、そうした危惧を感じさせるものがあった。そこで、果樹作農家は２０１１年の冬に、懸命に樹木の除染に取り組んだ。剪定を強め、樹皮を丁寧に剥ぎ、高圧水で徹底的に洗浄した。極寒のなかでの厳しい作業である。

モモ農家も多くは高齢者だが、お年寄りたちも含めて頑張り通し、すべてのモモの木は除染された。２０１２年の暑い夏は、飛び切り美味しいモモを育ててくれた。だから、この年のモモの安全と美味しさは、果樹農家の頑張りと自然の恵みの結果である。深く感動する出来事だった。

こうした「福島の奇跡」は地元では少しずつ知られるようになり、地元の農産物直売所には地産地消のよさを求める消費者が戻りつつある。農家の食卓にも、自給作物の実りの豊かさが戻ってきている。実りの秋を素直に喜びきれなかった２０１１年の秋とは大きく違っている。

だが、大都市の消費者たちには、まだこの事実が伝えられていない。「福島産」「北関東産」という表示を見ただけで拒絶されるという野菜や米の売り場の状態は、続いている。「福島の奇跡」をつくり出してくれた「土の力」と「農人たちの頑張り」に感謝しつつ、原発事故2年目の収穫の秋に、この事実を多くの国民に広く強く伝えていきたい。

＊本稿は、『現代農業』２０１２年12月号「原発事故二年目の秋に「福島の奇跡」は改めて検証されつつある」に若干の修正を行ったものである。

論点2

農産物への放射性セシウムの移行率は、なぜ低かったのか

チェルノブイリと日本の土壌の違い

中島　農産物への放射性セシウムの移行率を、どうやってより低めていくのかが重要です。放射能による汚染という現実があり、そこで農業をしているわけですから。10分の1の移行率なのか、1000分の1の移行率なのかが、非常に大きな問題であり、まずはそれが相当に低い率に位置してきているということを、ちゃんと認識すべきなんじゃないかと思います。

「それでも汚染」と言う前に、農業においてなぜこうした低い移行率が達成できたのかを考察すべきではないか。それが、確率論的な危険性に対して確率論的な安全性を確保していく道につながる基礎認識になるのではないですか。

小出　中島さんが移行率という言葉を使われて、土地が汚れていても食べものにはセシウムは移らなかったとおっしゃいました。そのことがこの日本という国の農業の偉大さであるとおっしゃったのではないかと思いますが、移行率そのものは植物によってみんなそれぞれ違います。お米が土からどれだけセシウムを吸収するか、きのこがどれだけ吸収するかは、すべて違う。

また、土壌の性質によっても移行率は変わってきます。1986年にチェルノブイリ原子力発電

所の事故が起きたのは、みなさんご存知でしょう。チェルノブイリがある一帯はポレーシエと呼ばれる地域で、カリウム欠乏型の土壌が特徴です。

カリウムはセシウムと同じようにアルカリ金属という元素群に属していて、肥料の三要素として知られるように、植物にとって重要です。そして、カリウムが欠乏しているところの植物は、なんとかカリウムをたくさん摂ろうとするわけですけれども、そこにセシウムが降ってくると、カリウムと間違えて吸収してしまいます。その結果、チェルノブイリ事故で、多くの食べものが汚れました。

一方、日本はカリウム欠乏型土壌ではなく、土の中にカリウムがたくさんあるので、仮にセシウムが降ってきても植物はセシウムを取り込まないで済んだ。そういう土壌の性質によって、移行率が違っているのだと思います。

もちろん、それは私たちにとっては喜ばしいことです。福島で作られた食べものにセシウムがあまり入ってこなかったということはもちろんうれしいし、今後もそれが続いてくれるだろうと私も期待をしています。

有機農業がとりわけ深刻なのか

小出　では、そういうところで、どういう農業をしていくのか。これは今日の議論の核心だと思います。

有機農業という取り組みを長いあいだ続けてきたみなさんがいます。日本という国で、自分たちの土地を循環型で豊かにしようと、数十年も苦闘してきた方々です。

そういう方々は、たとえば堆肥をつくって田んぼや畑に戻してきました。ところが、いまは原子力発電所から噴出してきた放射能で地表面が汚れているのです。その地表面で育っている植物はみんな汚れるわけですし、それをまた堆肥にして大地に返せば、次々と汚染されていく。

それに対して近代農業というのは、要するにチッ素、リン酸、カリというように、化学肥料を与えてやる。この近代農業が有機農業をつぶしてきたわけですが、近代農業で使うカリ肥料は実は岩塩なのです。岩塩というのは地下深くにある塩です。原子力発電所の事故が起きて、放射能が大地にばら撒かれたとしても、地下に眠っている塩は放射能で汚れません。だから、岩塩でカリ肥料をつくって、作物を育てていけば、作物に入ってくるセシウムの量が少なくなるのは当たり前です。

しかし、有機農業をやろうとすれば、するだけ、放射能に関しては取り組みが遅れてしまう。そういう問題をどうやって乗り越えていくのかもあるだろうと思います。

中島　放射能汚染という状況のなかで、普通の農業でも十分に大変なのだけど、循環型を主張してきた有機農業はもっと深刻であるという問題提起ですね。私たちも率直に言って、当初は「これは、まいったな」と思いました。有機農業をこれから主張していくとしたら、そこにどういう論理を構築していけばよいのか？と。ところが、実態として、そうした心配は違っていたと思うんですね。では、どう違っていたのか。

土そのものがもつ機能がもたらした低移行率

中島　空中に飛び散った放射性セシウムは、ちりなどについて、雨によって落ちてきました。そして、土の表面にごく薄くついたわけですね。田畑の場合には、そのセシウムは耕され、土と混和されます。土の分量はセシウムの物質量と比べて膨大です。表層のセシウムは耕されることによって下層に移動します。土はガンマ線を遮蔽する強い機能がありますから、地表のガンマ線は大幅に低下します。

また、多量の土と混和されたセシウムは、土に強く吸着・固定されます。吸着・固定のメカニズムは詳しくはまだわかっていませんが、電気的な吸着と物理的な固定、さらには微生物などによる生物的保持があるようです。

小出さんはカリウム欠乏ということで、植物が吸うか吸わないかという側面からご説明がされました。しかし、今回の福島の経験からすると、植物が吸う能力——吸いやすいか吸いにくいか——は永年性作物やきのこ類を別にすると、あまり大きな問題ではありません。

むしろ、土自身が放射性セシウムをどういう形で植物が吸えないようにキープしているかが重要なようです。カリウム欠乏をかなり心配した時期もありましたが、カリウム欠乏で作物が多量にセシウムを吸ってしまうという事例はほとんどなかった。土による吸着・固定の力が相当に強いことによって、作物への移行を小さくしています。

耕した後に種を播いた一年性の作物——農作物というのはほとんど一年性です——であれば、作物の種類も品種も関係なく、ほとんど放射性セシウムは検出されなかった。それは、栽培方法によっても変わりません。有機農業だから出ないとか、化学肥料を使っているから出るというよりも、土そのものがもっている機能に支えられて移行率がすごく低くなっている。

さらに、土そのものがもっている機能という点で言うと、当初は粘土鉱物が注目されましたが、粘土鉱物だけではなく、土の中の有機物も含めてセシウムの固定能が相当あるようです。実際に測ってみると、堆肥をたくさん入れてきた有機農業の田んぼや畑の生産物のセシウムのベクレル数はむしろかなり低い。

そう考えると、循環型だからセシウムが出てくるということではなくて、それを超えて土がもっている機能が今回の非常に低い移行率をおもに規定している要因なのではないか。これが、今回の福島の経験から導き出されることであると私は感じています。

明峯　いま中島さんもおっしゃったんですけれども、有機農業は放射能汚染に関しても慣行農法よりかなり強いのではないか、という仮説がはずれたのがちょっとショックでした。有機農業をやっているから放射能汚染が少ないと言いたかったわけですが、これまでのデータを見ると、必ずしもそうは言えないようです。

しかし、化学肥料を多投した腐植質*の少ない農地はセシウムを捕捉する力が弱いということはある。また、堆肥を大量に投入する有機農業の場合は土の全体量が大きくなるので、セシウムは希釈されます。だから、有機農業が無力だということでは決してありません。

*腐植質——植物体や堆肥などに含まれる有機物が分解・相互に結合し、安定した形で土壌中に存在したもの。これが地力を生む。腐植質も放射能セシウムを吸着する。

菅野　中島先生は有機農業でも化学肥料でもあまり違いはなかったという表現をされたのですが、私は少し違いがあると思います。この2年間に多くの先生方が東和を調査してくださり、結果をいままとめているところです。その調査で、有機質・腐植の多い土壌と砂地での違いがわかってきました。腐植が多いほどセシウムが土中に固定化されるのです。実際、私の場合も昔から「いい田んぼ」と言われてきたところは、セシウムはほとんどゼロです。ちょっと砂地かなっていう田んぼでは、3〜4ベクレル出るんですね。

地形や土壌を一番よく知っているのは農家です。だから、農家が研究者と一緒に調査することが大事だと思います。「あそこは昔から肥えている」と先祖代々聞いている田んぼは、やっぱりいい土壌なんですね。それをこれからしっかり実証しなくちゃいけない。ゼオライトを撒くよりは、よい堆肥をしっかり田んぼと畑に入れるほうが大事だと思っています。

除染という表現ではなくて、農業を続けるための土づくりという観点からの放射能対策を、研究者や農協職員や行政職員の英知を結集して確立すべきです。農民の数よりも、彼らの数のほうが多いわけですから。

福島の農業者の犠牲のうえに農産物が作られている

明峯 中島さんが強調されたように、そして菅野さんもおっしゃったように、農産物に対する移行は意外に少なかった。それは何を意味するかというと、食べものを通じた福島県外の人たちへの汚染の移行は非常に少ないということなんですね。

そこで問題は、これから議論したいのは、そういう福島にとどまって農業を行う意味はどういうことかです。その議論のためのもう一つの前提として、福島県産農産物への放射能の移行が少ないということは、それを食べる人に対する移行は少ないという意味をもつと同時に、心配なのは現地に残ってがんばっておられる人たちの体外被曝、体の外からの汚染が無視できないほど大きいということです。中濃度、あるいは低濃度の汚染を覚悟した人たちのいわば犠牲のうえに立って、比較的安全な農産物がいま作られているとも言えます。この問題をどう考えるのか。

なぜ、これを前提として議論しなければならないかというと、現地でがんばっておられる方の健康被害を政府と東京電力が十分に検討することを前提にしていかないと、話が進まないと思うからです。危険だから逃げればいいでしょうという議論はありますが、しかしそうもいかないわけです。そうもいかないのであれば、現地にとどまっている人たちの安全の十分な確保を前提にした方策が考えられなければいけません。

少なくとも現時点では、体内被曝よりも体外被曝のほうが問題だと思います。有機農業とか近代農業とかに関係なく、とどまっているかぎりは避けられないわけですから。そこをどうするかを考えたうえでの議論が大事だと思います。

論点3

危険と避難のあいだ

放射能とどう向き合うか

――小出さんがおっしゃっていたように、福島県全域が放射線管理区域レベルの汚染状態になっています。さらに、小出さんのデータによれば日本全体で約２万㎢ですから、面積の５・５％が放射線管理区域になっている。これは事実です。そこで、おそらく１０００万人近くが暮らしている。

　小出さんは、そこには住んでほしくないとおっしゃいました。しかし、現実にそこでたくさんの人が暮らしています。はたして、避難すべきなのか。この問題を正面から議論したいと思います。

　私は農業と地域や風土や暮らしには密接な関係があると思っている一人ですが、まずは二本松市で農業を営んでいる菅野さんから、苦悩も含めてお話しください。

菅野　まさに放射線管理区域で、毎日毎日農作業をしています。田んぼや畑で、毎時０・３～０・５マイクロシーベルト、裏山や雑木林のように高いところでは毎時０・８マイクロシーベルト程度です。２０１１年の７月や８月に、ドイツやフランスから取材陣が来て、こう言われました。

「なぜ、君は逃げないのか？　ドイツだったら、とっくに逃げている。ヨーロッパなら、そんなところで農業してないよ。どうして、君はやってるんだ？」

それで、私はよくよく考えてみたんです。そして、日本と欧米が違うなと思ったことがあります。アメリカもヨーロッパも元来は遊牧民族で、土地を転々として民族を守ってきました。でも、私たち日本人は先祖代々それぞれの土地で暮らし、その田んぼで米を作ってきた。つまり３５００年といわれる日本の稲作文化はずっと土着型で、それこそが農耕民族である日本人だと思ったんですね。

だから、逃げるのではなくて、東和でいかに耕すか。放射能は降ったけれども、どうやってここで生きるか。まず、そう思った。ずっと、そう考えてきました。逃げるという選択肢ではなく、ここで放射能とどう向き合うのかと。それが私の一番の課題でしたので、小出さんに言わせれば逃げなくちゃならないかもしれないけど、逃げるわけにはいかない。

ただし、そこの判断基準は微妙です。実際に、二本松市の有機農家は何人か避難しました。それは生き方にかかわります。「避難した人をどう思うか」と問われると、逃げるか逃げないか、避難するかとどまるか、という選択はつくづくむずかしいと思います。

危険かもしれないけれど逃げるわけにはいかない

明峯　これまで、「危険だから、逃げよ」という立場と、「危険ではないから、逃げる必要はない」という立場の対立があったわけですけれども、「危険かもしれないけれど、逃げるわけにはいかない」という第三の立場があります。これが、マスメディアを含めてなかなか議論になりません。

しかし、「危険かもしれないけれど、逃げるわけにはいかない」という選択は、よく考えてみると非常に重要です。現に、福島で暮らす方々の多くが逃げるわけにはいかない。「逃げたいけれど、逃げられない」という人たちも含めて、現実には逃げるわけにいかず、逃げないという選択をしました。つまり、不安と一緒に生きていくほかないという第三の道を選択した方が圧倒的に多いわけです。それが理屈で正しいかどうかよりも、現実にそう選択した。

とりわけ農業、とりわけ有機農業という土に対して非常に強い一体感をもつ方々は、「危険かもしれないけれど、逃げるわけにはいかない」という第三の道を選択しているんですね。そして、この選択はすごく重要な意味をもっている。農業とか林業とか漁業という第一次産業に従事している人たち、あるいはそもそも人間の暮らしや営みを考えていくとき、「危険かもしれないけれど、そう簡単には逃げないぞ」という、いわば確信犯としてとどまることの意義です。もちろん、不安をもちつつであり、心の中では絶えずおびえているというか悩んでいるということも含めてですけれども……。

そうやって福島の大地は守られることになるだろうと、ぼくは考えます。そういう第三の生き方がどういう意味をもっているのかをしっかり議論して、その意義を確認することが、大切だろうと思います。

支援なしの暴力的な体制

小出　あらためて確認してほしいのは、先ほど明峯さんもおっしゃっていただきましたが、被曝は必ず危険だということです。そのことはたぶん、福島の方々もわかっているわけですね。現地にとどまれば必ず危険があるということを承知のうえで、そこにとどまっている。そうした人たちのなかには、「本当は逃げたいけれども、逃げられない」という方もいるだろうと思います。なぜなら、政府が一切の支援を拒否したからです。

放射性セシウム含有量が1㎡あたり60万ベクレルを超えている場所はさすがに人を住まわせられ

ないといって、そこで暮らす人たちは強制的に逃がしました。逃がしたというよりも、故郷を奪い取って流浪化させてしまうという、けしからんことをしたわけですけれども、ともかく土地から引き剥がした。しかし、1㎡あたり4万ベクレルを超えている、本来であれば放射線管理区域にしなければいけないところの人びとは、見捨てたんですね。何の支援もしない。「逃げたければ、勝手に逃げろ」と言った。そうなると、人は逃げられません。

みなさん、どうでしょうか? 何の支援も受けられず、「住んでいるところを捨てて、どこかへ逃げろ」って言われて、逃げられる人って、いるんでしょうか? 労働者だって、会社を捨てて逃げるということは、容易ではないです。ましてや、その土地にずっと住んできた農民、酪農家、林業家は、ほとんど逃げられません。危険があることを承知でも、逃げられない。そういう苦悩のなかで、彼らは生きているんですね。まずは、そのことをみなさんにわかっていただきたいと思います。そして、そういう苦悩のなかで彼らは農作物を作っているわけです。

中島　警戒区域に指定されて、各地に避難された方々の話を聞いてみると、国家というのは身勝手なものだと痛感しますね。挨拶もない、説明もない、準備もさせない。ただ出て行けというだけの話です。いくらそのことに文句を言っても、答えるところすらない。

たとえば、強制退去になった警戒区域で家畜を飼っている方がおられた。明確な理由は示されていませんが、家畜を持ち出すことはできなかったんですね。財布は持っていってよいけれど、家畜もお米も持っていってはいけないというのは、現代社会を物語っていますよね。おそらく、ニワトリと豚はほぼすべて餓死したと思います。殺して避難した人もいますが……。

牛の場合は、約760頭が野牛になった。そのまま野牛にしているとまずいということで、捕獲・回収して6カ所の牧場で飼われています。その760頭の牛を警戒区域外に持ち出そうとすると、国は「殺処分せよ」と命令するんですね。ただし、所有権がありますから、国は強制的に殺すことはできない。「殺せ」と命じることはできるけれど、殺すことはできないという、宙ぶらりんの状態です。

でも、よくよく考えてみると、放射能の汚染のない餌を数カ月食べさせれば、体内の放射能は相当に排出されて、警戒区域外に持ち出しても問題のない牛にできる。すでに2年が経っていますから。しかし、国は聞く耳をもたない。

犬が可愛いから、犬を捨てていくわけにはいかないということで、2カ月間警戒区域の中で暮らしておられた方もいます。その後なんとか犬は持ち出したらしいんですけれども、ストレスが重なってアルコール漬けになってしまい、亡くなられました。

明らかに、退去ということをめぐって暴力的な現実があるわけです。そういうことも含めて、3・11直後に退去や避難の線をどう引くべきかを論じたときと、その後のさまざまな経験をふまえて2年を経た現時点で考えるのとでは、政策論としてかなり違うところがあるだろうと思います。

逃げれば、放射能に対しては安全かもしれません。でも、逃げるという措置をめぐって現実に起きているすさまじいストレスや社会の壁とあわせて考えなければならない。放射能に対する安全性確保という意味では善だったとしても、社会的にはそのなかでいろいろな悪が生まれるとすれば、いまの時点で避難せよと簡単には言えないということがたくさんあると思います。退去や避難に関する2年間のさまざまなネガティブな経験も、われわれはリアルに考えるべきでしょう。

小出　いまは汚染地にいないし、ましてや農作物を作る能力もない私のような人間が、汚染地で苦闘しながら生きている農民とどうやって連帯していけるのかが私にとっての課題です。この場で、それをみなさんと考えたいと思っています。

明峯　小出さんが先ほどおっしゃったことは、よくわかる。よくわかるんですけれども、農業というのは土地を持って逃げるわけにはいきません。牛を担いで、畑を担いで、雑木林を担いで逃げるわけにはいかない。農業とか林業とか漁業というのは、そもそも逃げてはならないし、逃げられないんですよ。

　逃げられない人たちがいるにもかかわらず、逃げざるをえない事態を招いたのは、政府と東電の責任です。彼らの責任はどんなに大きいことか。これが大前提です。ですから、小出さんがおっしゃるように、逃げる人・逃げない人どちらの選択にも十分な補償と支援を行う必要がある。そして、その支援を行わないことはサボタージュですから、大いに抗議をし、闘わなければならない。それが、すべての議論の前提だと思います。

　仮に体内被曝は大丈夫だとしても、体外被曝から避けられないとすれば、十分な健康管理をしなければいけない。それは、農民自身がしなければならないのと同時に、政府も自治体も東電もしなければいけないのです。基本的にぼくたちにとっては怒りですよ、今日の議論の前提は。しかし、それはともあれ、その先を言いたい。

逃げられない人によって支えられている

明峯　考えてみてください。逃げられない人によって、日本の社会は支えられているんです。

　逃げられる人は、逃げました。逃げられればそれでよいかもしれないけど、逃げたって暮らしはきついと思います。一方で逃げられない人たちがいて、その逃げられない人たちが体外被曝の危険に自らを晒《さら》しながら、晒すことによって、福島の大地も、農業も守られている。福島に限らず、日本の社会全体は、そういう逃げられない人によって支えられているわけです。

ぼくたちは、そういうことをどこまで理解しているのか？　危険かもしれないけれど、逃げてはいけない、あるいは逃げられないという決断をされた方たちはどういう存在であり、そこにどんな意義があるのか。そして、自分と彼らはどういう関係にあるのか。

さらに、逃げるというのは福島に住まないということだけではありません。福島県産の農産物を食べないということ、その代わり地球の裏側から来た農産物を食べるということは、福島から逃げるということと同じです。繰り返しになりますが、逃げられない人たちによって社会は支えられているという事実をどう考えるのか。

小出さんがおっしゃっているのは当然のことです。それを前提として、なおかつ逃げられない、逃げてはいけない人たちをどう支えていくか。そして、彼らを支えるということは自分の生き方としてどういう意味をもつのか。そこを議論すべきだと思います。

一番人間らしい暮らしをしている阿武隈の人たち

中島　明峯さんから、「危険だから、逃げよ」という立場と、「危険ではないから、逃げる必要はない」という立場の、いわば空中戦のようなやり取りではなく、「危険かもしれないけれど、逃げるわけにはいかない」という第三の道があるという話がありました。現実はそうかもしれませんが、私の意見からすると、それも違う。人間たるもの、その第三と呼ばれる道が第一です。

そもそも人間は、その土地で生きることにおいて人間なんですよね。それが第一の道であって、危ないから逃げるというのは違う。かつて敵が攻めてきたとき、農民も逃げましたけれども、それは数カ月山にこもるという話であって、やっぱり戻るんですね。

今回の地震の被災地である阿武隈地方は自給的農業を日本中で一番しっかりやっているところです。菅野さんのグループの農家にアンケートをしたところ、ほぼすべての農家が野菜は自分の畑で作っていいます。もちろん、米も自分の田んぼで作っている。

自給自足というとかなり昔のことのように思うかもしれないけれども、被災地で暮らしている人たちはその土地で暮らしを立てているんですね。それにプラスして、農産物を売る。阿武隈の農民は一番自給的な、だから一番人間らしい暮らしをしている人たちです。その暮らしの意義を価値ある営みとして積極的に評価すべきだと思います。

やむを得ずではなく、それが本来の暮らし方だから逃げない。危険の問題と逃げないということをどう折り合いをつけるのかは必要かもしれないけれど、その土地で暮らし続けるということには人類の固有の価値があるということを、震災の経験をとおしてしっかり受けとめるべきではないかと思います。

東京から早く逃げたほうがよい

菅野　小出先生は反原発で、私は脱原発なんですね。実は経済産業省に脱原発アクションで福島から多くの方がデモに行ったとき、「脱原発アクションの帰りにマクドナルドのハンバーガー食べるのはいかがなものか」って言ったら、私怒られてしまったんですけれども。

放射能のリスクは別ですが、東京で暮らしているリスクのほうがよっぽど高く、むしろ東京からみんな避難したほうがよいんじゃないかと思います。雪が5㎝降ったぐらいで、滑ったとか転んだとか、「なんなんだ」って思うわけです。都会の過密な暮らしこそ病気を生むんじゃないかと私は思いますよ。

私は、今度の原発問題っていうのはそういう問題だと思ってる。食料自給率1%の東京にいつまでも住んでないで、早く逃げて来なさいって。うちの娘にも、いっぱい電話やメールがありました。早く避難しなさいって。でも、私は東京で暮らすつもりはないです。東京みたいなところに暮らしてたら、どうかなると思うんですね。

原発事故で、堆肥も落ち葉も藁も循環の輪が断ち切られました。汚染されて、その大事さが再認識された。山があって、里山があって、田んぼがあって、きれいな空気があって、蛙が跳んでという暮らしの大事さですね。私たち農民は米と野菜を作っているだけじゃない。農家が米を作っているからトンボがいるんだ。この美しい風景をつくってきたのは農民なんだと、私は誇りに思いました。このことを私たちはもっと伝えなければいけない。

逃げる・逃げないという問題よりも、放射能汚染をきっかけに、農業の本質的な役割、農民が果たしてきた役割をみなければいけないと思いました。そして、これまで農民が米と野菜を作ってきて、それによって私たちの先祖は健康に生きてきたわけですから、この日本型食生活をもう一度見直したい。福島県産の農産物が食べられないからと言って、福島県の人は加工食品やカップラーメンをいっぱい食べています。それでどうなるのか?　健康上のリスクはないのか?

そのことも含めて私は、放射能問題を健康や農業のあり方を見直す転換点にしなければならないと思っています。

小出　いまの中島さんと菅野さんの発言には、本当に共感します。私も初めから、東京なんていう街は誰も住むべきじゃないと思ってきました。もっともっと自然に根付いて生きる地域をつくらなければならない、国をつくらなければならない。私もそう思います。そして、ずっと土地に結びついて生きるのが一番の道なんだと中島さんがおっしゃったことも、そのとおりだと思います。

放射能には勝てない

小出 でも、放射能でどんなに汚れていても、そうできるのか？　すでに申し上げたように、放射性セシウムが１㎡あたり60万ベクレルを超えているところは政府が人びとを追い出しました。中島さんがおっしゃっているとおり、たいへん暴力的に、人びとへの何らの配慮もないままに、追い出しました。しかし、追い出さずに、そこに人びとを住まわせることができるのか？　中島さん、それはできるのでしょうか？

どの程度の汚染ならばそれができるのかについては、やはりどこかで線を引くのですよね。いま私たちが闘おうとして向き合っているのは、放射能です。どんなことをやっても勝てない相手です。人間は、放射能を絶滅させることもダメージを与えることもできない。そういう相手と私たちは闘っているわけで、やはりどこかで逃げるしかないという選択をしなければならないときがあると私は思います。なぜなら、放射能と闘うかぎり、必ずこちらがダメージを受けるからです。

そして、初めに私の話を聞いていただいたように、子どもはとくに放射能からのダメージを一手に引き受けさせられます。だから、汚染した地域で生きようとするのであれば――生きるということは、おとなも子どももそこで生きるということだと思いますけれども――、そういう生き物である子どもをかかえて生きるということになるのだと思います。

中島 どうしても逃げざるをえない高線量の地域があるというのは、明らかです。しかも、それがそれほど狭い範囲ではないということも、明らかだと思います。しかし、その汚染は一様ではない。比較的汚染度の低い場所もある。そして、人びとはその土地に戻って、そこで暮らしを再建したいと考えています。危なさを説くだけでは、道は開けないと思います。

明峯　危険だからと小出さんはおっしゃり、それはそのとおりなのですけど、これは程度の問題で、爆心地で農業やれなんて誰も言っていません。当面は暮らしていけそうだという体験というか感覚があって、そこに現に暮らし続けている人たちの話をしているわけです。

汚染の状況に応じた区域指定の整理

中島　３・11直後は、放射能の汚染が激しい部分がどこにあるのかを冷静につかめなかった。また、もっと大きな爆発が連続するのではないかということも想定されたので、炉心などの爆発からの安全性が優先されて、５km圏、10km圏、20km圏、30km圏となった。この段階では、おそらく同心円状に危険があるだろうと想定したわけです。現実にはそうはならず、最初の建屋爆発で放出された放射能の分布と20km圏や30km圏という区域指定が合わない。これがまず大きな問題です。

20km圏内でも放射能汚染が低い地域もあり、40km離れていても高い地域もあります。少なくとも、放射能汚染の現状に応じたかたちで区域指定を整理すべきではないか。

そうすれば、新たに指定するべき地域もあるし、指定解除する地域もあります。10～20km圏でも、汚染がそれほどひどくなかったところがあるのは事実です。たとえば菅野さんが暮らす集落は一度も計画的避難区域に指定されませんでしたが、警戒区域のなかで菅野さんの集落より汚染の数値が低いところもある。そうした社会的なちぐはぐさを、あまり過激なやり方ではなく、ていねいに整理していくことが必要なんじゃないかと思います。

小出　中島さんは、20km圏や30km圏あるいは10～20km圏でもそんなに汚染されていない地域もあるのだから、そこに人を帰せというニュアンスでおっしゃった。しかし、私はそれにも反対です。もともと帰してはいけないところなわけで、避難した人たちやこれから逃げる人たちがもっとちゃんと生きられるように支援するほうが正しい選択だと思っています。

決められる自由

明峯　人間は安全性だけで生きているわけではありません。場合によっては、危険であるとわかっていても、それを覚悟して生きていく、それが人間です。むちゃくちゃ危険なことをして早死にしても、それがその人の人生だったということにもなるし、ただただ長生きするだけの人生を潔しとしない考え方もあります。

ですから放射能の濃度ということになるんですが、「たった一つの数字だけで、自分の人生を決められてたまるか！」と人間は考えるものです。自分の健康や安全と同時に大事にしているものが人間にはある。たとえば、それが農業であったりする。それとともに、健康で長生きして、できれば放射能によって白血病やガンになりたくないという気持ちも、素朴に誰もがもっていると思います。それを否定するつもりはないですけれど、同時に大事にしているファクターがいくつもあって、人生は複雑です。

そして、結果として非常に危険なことをあえてするというのが、また人間というものなんですよね。そういうふうに複眼的に考えていかなければ、放射能に対して、ぼくの言葉で言えば、いわばどう共存していくかは考えられません。

それは、それぞれが自分の人生設計のなかでいくつかのファクターを考えたうえで決めればよい。そのような決められる自由が重要です。そして、決めたことについては最大限、政府や自治体や東電は補償すべきであって、それができていないことに大きな問題があると思います。

小出　そうです。それができていないところに問題があるのです。先ほども述べたように、国が自ら決めた法律で放射線管理区域にしなければならないところに住んでいる人に対しては国が責任をもって支援して、きちんと生きられるようにするというのが、本当の責任だと思います。でも、あまりにも広大な土地がやられたということで、多くの人びとを取り残したわけです。しかも、いま中島さんがおっしゃったように、汚染の実態と整合しないかたちで、人びとを追い出してしまったり、あるいは取り残してしまったりしました。

明峯さんがおっしゃったように、自分の自由でとどまるという選択をされる方が当然いるだろうと私は思いますし、そういう人たちを全力で支援することも、また必要だと思っています。それでも、私がそこで一つだけ気になるのは、農業を守るためにとどまる決断をするということは、子どももそこにとどめると決断するということです。子どものいない農業はつぶれます。しかし、子どももとどまらせて農業を維持するという決断を親がしていいのかというと、私は躊躇《ちゅうちょ》があります。

農業には光が見えてきた

中島　初めの話に戻るんですけれども、私は当初はほぼ全部ダメだろうと思ったんですね。それでも農業は続けたい。なんとか続けられる道を探そうと思った。そして、なんとか畑や田んぼを耕すと、畑や田んぼの放射線量はぐっと下がる。しかも、畑や田んぼに放射能があっても、農作物については、安定してほとんど放射能が移行しないということがわかった。ここに、とどまって生きるわずかな可能性を見つけ出しています。

ほかの問題についてはわからないけれども、農業を行うという行為だけに関しては、福島でも大丈夫だということがようやく見えてきました。これから、そのほかのいろいろな条件をどうしたらよいのか、一つひとつ考えていく段階です。

外部被曝についても、建屋爆発直後と現在とではずいぶん違ってきています。セシウム１３４の半減期は約2年ですから、物理学的な放射線量という点でもけっこう劇的な変化があった。今後の減り方はぐっと鈍くなるそうですが……。

それから、流動的な形態で存在している環境中のセシウムと、土や生き物に取り込まれて、あまり動かないかたちで存在しているセシウムでは、そこで生活しようとする人にとってかなり違うあり方になっていく。たとえば雨が降るとセシウムはどんどん下に流れるかというと、この2年間で約5000㎜の雨が降っているけれども、山の頂上のセシウムの量が大きく減って、下のほうが著しく高くなるという現象はあまりないんですよ。案外それぞれの場所に残っている。

そこで、そうしたセシウムとそれぞれの地域で農業をやりながらどう付き合っていくのかが、次の模索テーマとなってきています。解決策があるというわけではないけれど、そこで生きようとしたら、一つひとつ積み上げながら模索し、道を開くということに期待をかけなければ、生きていけない。外部被曝の問題が残っている、外部被曝はどうしようもないと言うだけではすまない。そして、おそらく、外部被曝がどうしようもないところもあるし、どうしようもあるところもきっとあるんじゃないかと、私は思っています。

論説2

生きることそのものとしての有機農業

――放射能汚染と向かい合いながら

明峯哲夫

農業は自給が基本

福島の農家のみなさんは、3・11から2回目の収穫の秋を迎えられました。大変なご苦労があったと思います。そして、そのご苦労はこれからも続きます。いずれにしても、そのような困難ななかでもこうして収穫の秋を迎えられたことに、大いなる喜びと敬意を表します。

3・11以降、誰もが原発に依存した社会から脱原発社会に変わらなくてはいけないと考えるようになりました。いよいよ、有機農業の時代がきたといえるかもしれません。

有機農業の時代がきたというならば、3・11以降の社会の変化に対して有機農業自体が変わっていかなくてはいけないと私は思っています。これまでの有機農業のやり方では天下は取れないのではないか。いま、あらためて有機農業を原点から問い直すときだと思います。

私は農家ではありません。農業や有機農業について、職業的な研究者としてではなく在野の生活者の立場から考え、研究し、実践してきました。

農家のリアリティを理解はしているつもりですが、所詮農家ではありませんから、そういう素人の立場からしかお話できないことを最初に申し上げます。こういう転換期には、素人の話は案外参考になるかもしれません。

日本の有機農業は1970年代初めから始まります。そのころから、私は私なりに有機農業に関わってきました。その有機農業を始められた先駆者の一人に、山形県の星寛治さんがいます。以下は彼が1975年に書かれた文章です(1)。

「自分の生命を維持するためには必要なものは出来るだけ自分で作る、これが百姓の基本である。……家庭から隣人へ、そこから地域へ、地域から国へと自給の輪を拡大していけば、結局、国全体の自給を確保できる可能性がでてくるのではないか。……さらに私たちは生産手段をできるだけ自給しようと考える。農家なら必ず家畜を飼い、雑草や、くず野菜や残飯を与え、稲わらを敷き込み堆肥を作ることである。それを田んぼや畑や果樹園にかえせば、肥料代は節約になり、地味は肥え、作物は健康な育ちをする。さすれば農薬散布も少なくて済む。つまり自然循環をベースにして生産体系を回復する必要がある」

星さんは、農業の「目的」は自給にあると考えている。でも、現在の農業──それは有機農業も含めてですが──は、その目的が必ずしも自給にあるとはいえない。だからこそ、彼の考え方は現在においてとても重要だと思います。彼はさらに、自給には「手段」としての意味があると言っています。自分の営農は、自分の頭と手でやっていく。このように農業はその目的と手段が共に自給的であるべきと、この文章では言っている。これは、有機農業の原点として非常に重要な宣言だと思います。

売らない農民・買わない消費者

私は有機農業運動を、農民の自立を求める運動と考えてきました。私は農民ではありませんから、有機農業運動には直接関われない。一方で有機農業は、育てた農産物を誰かに買ってもらわなくてはならない。そのためには消費者との関係が必要になります。そこで「産消提携運動」が提唱されました。

こうして自立を実践しようとした有機農業者と意識の高い消費者が出会ったのが、１９７０年代初めでした。その当時の「農家の食卓の延長線上に消費者の食卓がある」というスローガンは、いまから考えるときわめてラディカルなものだったと思います。こうした志から始まった有機農業運動にどのような意義があったのかは、そろそろ結論を出してもいい時期にきていると思います。意義とは、農家にとってと、消費者にとってと、分けて考えなければならない。

２０１２年春の福島での集会で(2)、私はこんなことを発言しました。

「日本の有機農業運動はたくましい農民を生んだが、たくましい消費者を生むことには失敗した」

有機農業運動の結果、全国各地にたくましい農民が誕生しました。一方、提携した消費者は、生活者として、人間として、本当に自立したのだろうか。たくましく育っていったのだろうか。

どうして、そういうことを言うのか。

３・11以降、有機農家と連携する消費者の多くがその提携を断ってしまった。お客さんであることから逃げ出した。そのような事実が続出しました。このことで、これまで頑張ってきた有機農家がどれほど苦しむことになったか。もっとも支えてほしいときに、なぜ消費者は支えることができないのか。そのような思いを私は強くもちました。40年間の有機農業運動は都市住民の自立・解放にはつながらなかったのではないか。ここに基本的な問題がある。この点が今日の私の話で最初に提起したい問題です。

有機農業運動とは別に、都市住民がたくましく自立していくための別の運動が必要ではなかったかと思います。

私自身の話をしますと、私は都市住民ですが、くらしを自立させるには農的営みが欠かせません。そこで市民が農を取り戻す活動が必要と考え、１９７０年代初めに「消費者自給農場運動」というユニークな運動を始めました。それが「たまごの会」の運動です。

約３００戸の消費者会員が建設資金を出し合って茨城県八郷《やさと》町（現・石岡市）に農地を借り、自前の農場、つまり消費者自給農場を建設しました。消費者自らが作物を育て、家畜を飼育し、生産物を各会員で分け合う。「自らつくり、はこび、たべる」。これが私たちのスローガンでした。農法としては有機農業です。鶏や豚が産み出した良質な堆肥で、米や野菜を栽培する。私はその農場の生産担当者の一人でした。私は一人の都市住民としてこの運動に参加しました(3)。

私たちの農場では、消費者会員の必要とする農産物をすべて自給することはできませんでした。そこで、自分たちの生産できないものについては、プロの有機農家の支援を仰ぐことにしました。そんななかで星さんとも出会い、彼らの作った米や果物をいただくことになりました。当時、私はまだ20代でしたが、そのころ書いた文章の一節にこうあります(4)。

「今農民と都市住民とに必要なのは安易な「野合」なのではなく、己が農と食との荒廃に果たしてきた客観的役割をはっきりと捉えかえし、お互いに商品経済に侵食されたその生活のあり様を変革し、ともどもに〈自立〉することをおいてないであろう。それは当面は「売らない農民」と「買わない都市住民」の出現を意味し、両者はいったん「切れた」関係になるかもしれない。けれどもそのような両者の〈自立〉なしには真の連帯などありえない」

農民たちにとって、農業はまず自分たちのくらしのためのものであって、売ることが目的ではない。結果として売ることがあったとしても。一方、都市住民も買うことに終始していれば、とても自立した生活者とは言えない。都市住民も、自分で食べるものぐらい自分で作らなければならないのです。農民はできるだけ売らないようにする。それが農民の自立です。都市住民はできるだけ買わずにすむ生活を心がける。それが都市住民の自立です。

そのような両者ともどもの「自立」があってこそ、初めて対等な「連帯」があるのではないか。私はこのような連帯をそろそろ真剣に考えなければいけないと思います。

汗は自分でかくほかない

少し都市サイドの話をします。

1970年代以降、大都市周辺はスプロール化と減反政策もあって耕作放棄地が急増しました。東京では西部の多摩川べりにベッドタウンが広がり、地方から多くの人びとが都市労働者として移り住みます。そのなかには、福島から移り住んだ人たちも大勢いたはずです。その新しい都市住民たちが「この荒れた農地を耕そうか」と考えたのです。そして、直接地主に掛け合い、野菜などを作り始める。そんなゲリラ的な市民農園が増えていきました。

農水省にすれば、彼ら市民による耕作は農地法違反です。しかし、荒れた農地をそのままにしておくわけにもいかない。その結果、農水省もそれを黙認するほかなくなる。そして1980年代になり、農地を利用した農園は法律的にも正式に認められるようになりました。2005年には市民が農地を借りられるようになります(ただし、NPO法人をつくったりしなくてはなりません)。1970年代に始まった都市住民による耕作活動は、このように現在では合法化されたのです。

私は1980年代の初めに、たまごの会の農場から東京の多摩川べりに移住しました。都市住民による耕作は、都市内の農地でこそ行われるべきと考えたからです。私は10家族ほどの仲間と「やぼ耕作団」という共同耕作グループを結成し、50アール程度の休閑農地を耕し始めました。「街を耕す」。それが私たちのモットーでした。米や麦も作りました。大豆を作付け、味噌を仕込みました。ワタも栽培し、布団などをつくりました。野菜はほとんど買わない生活が実現しました。つまり、街の中でも、素人でも、やればできるのです[5]。そのころ書いた文章の一部を紹介します[6]。

「「耕す人」と「耕さない人」との分離は、「耕さない人」にも禍と苦悩をもたらす。彼らからは、自然や生き物と交流し「汗」をかく機会が永久に失われる。人は自然や生き物と交わり、多くのものを学ぶ。人自身は生き物であり、自然の一部にほかならないからだ。この当たり前の事実ですら、人は汗をかかなくなると、不覚にも忘れる。耕さなくとも、食べ物を手に入れることはできる。耕す人が売ってくれさえすれば。けれども耕す人は「汗」までは売ってくれない。他人の汗はかけないのだ。汗は自分でかくほかない。自分でかいた「汗」を頼りに、人は学び、育っていく。その「汗」を失う」

農家は農産物は売ってくれますが、汗は売ってくれません。農家の方々は、都市住民に物を売ることで、結果として都市住民から汗を奪うことになることをもっと深刻に考えるべきだと思います。

やぼ耕作団を「卒業」した仲間の多くはいま、東京周辺で、あるいは地方に出て、その人なりの「農的くらし」を続けています。これからは、「有機農家」と「耕す市民」との提携こそ実現していかなければならない課題だと、私は考えています。

それでも種を播こう

1986年にチェルノブイリ原発の事故があり

ました。私には子どもが5人います。当時、私は東京の片隅で耕しながら、子育て真っ最中でした。まもなく西風に乗って、日本列島そして私たちの農園にも放射能が届きました。

そのとき私は、放射能を測るということをまったく考えませんでした。どうであれ、そこで作物を育て、それを収穫し、食べるという決意は、いささかも揺らがなかったのです。

「もし放射能で汚染された農作物を食べることになっても、親を恨むなよ。恨むならチェルノブイリ原発を爆発させたソヴィエト政府を恨め」

子どもたちに、そう言い聞かせました。

そして2011年です。私の3・11の経験をお話しします。

事故を知り、驚愕しました。そして、原子炉はメルトダウンする、関東にもフォールアウトする、と覚悟しました。ちょうどジャガイモの種播きを予定していて、このときも躊躇することなく予定どおり種を播きました。私の耕す小さな菜園にこれからも依拠して生きていくほかないのだと、あらためて思いました。

原発から遠く離れて住んでいるから、そんなのんびりしたことが言えるのかもしれません。けれどもその後、私の菜園の隣の茶畑からは数百ベクレルの放射能が検出されました。私の菜園にも放射能が降っていたのは間違いないのです。それでも私は種を播くほかなかった。

私は、福島の農家はそれでも種を播いて耕し続けると思いました。種を播き続けようとする農家をどうしたら支援できるのかと考えました。チェルノブイリ原発事故ははるか遠くでの出来事でしたが、福島第一原発は私たちからすれば至近距離です。農家のみなさんの不安な気持ちは、私なりに十分に想像できました。それでも、福島の再生は農からしかない。種を播き続けることでしか再生はないと思いました。必ず立ち上がる農家がいるとすぐに確信したのです。

有機農業は植物の全身を自然に晒して育てます。生命体には生理的にも進化的にも、自然へ適応していく能力がある。それを活用した「自然と折り合いをつける」技術が有機農業です。それなのに、人間自身が自然に身を晒さないでどうするのでしょう。それでは、植物に言い訳が立たない。人間自身も自然から逃げ出さず、そこに身を晒して生きることで、ようやく人間は植物と対等な関係になるのです。

大きな地震が来て、津波が来て、放射能まで降りました。多くの人たちが逃げ惑った。私もその一人です。けれども、福島の農作物は土の力で放射能汚染から守られていると科学的にも明らかにされつつあります。

それにもかかわらず、福島の農産物、とりわけ有機農産物を忌避する人びとが少なからずいるということは、どういうことか。やはり恐ろしい自然からただ逃げようとしていると思えて仕方ありません。

自然は危険に満ちている

事故のために放射能が自然に紛れ込んだ。放射能を出したのは、自然ではなく人間です。しかし、その汚れたものは自然に紛れ込む。本来、自然には危険なものが渦巻いています。けれども、自然が危険だということを十分に熟知したうえで、それを理解したうえで、自然と、危険と向き合って生きていくのが人間というものです。

自然が安全だから自然の中で生きていこうというのではなく、自然は危険なのです。人間のミスも自然にすぐに反映してしまう。その意味でも自然は危険です。一方で、その自然には生き物を育む偉大な力がある。そんな自然に向き合って、人間はたくましく生きていくほかない。自然の恵みとは、生き物を鍛えるさまざまな困難を与えてくれる、という意味として理解しなければなりません。

以下は、私が3・11からしばらくして書いた文章の一部です(7)。

「自然と共生するためには、人には特別の力量が求められます。体力、知恵、感性……。長い間「天国」に囲い込まれてきたため、私たちのそのような力はマヒしてしまいました。安全、快適な「天国」では、危険なもの、醜悪なものは徹底して排除されます。しかし、自然は人にとって常に「天国」ではありません。自然は美しく、清浄とは限らない。ときとして、それは人にとって荒々しく、不条理な姿をのぞかせます。「天国」では、人は自然の姿のうち自分に都合のよい部分だけ〝つまみ食い〟してきました。明るい、温かい、美しい、清い……。「故郷」で生きるためには、自然が見せるすべての姿をそのまま受け入れなければなりません」

当たり前の農業を当たり前に

2006年に有機農業推進法ができました。日本の有機農業の大きな到達点です。しかし、それにより有機農業は「オルタナティブ」として認められたかもしれませんが、必ずしも「本命」とされたわけではありません。日本の農業の99%は、いまもなお農薬や化学肥料を多投している。有機農業を「本命」にするためには、「無機農業禁止法」とでも名付けた法律が必要かもしれません。

EUではフォアグラ、つまりアヒルの肝臓を無理やり肥大化させる飼育は禁止になりました。ニワトリをケージに閉じ込めるのも禁止されていま す。このように、EUの農業政策には「禁止」条項がある。これらは「動物倫理」、つまり「動物の生きる権利」を主張しているわけです。ただし、ヨーロッパでも「植物倫理」は言いません。

私は植物学者だから言うわけではありません

が、ホウレンソウをゆがくとき、私にはホウレンソウの悲鳴が聞こえる。動物の命も植物の命も、命として同じはずです。植物を栽培するとき、不当な育て方をしてはいけないとする法律が、なぜないのか。有機農業は、米や麦、野菜などの植物の生きる権利を大切にするということでしょう。本当にそうならば、植物の命を大切にする法律こそ必要なはずです。

「有機農業推進」という言葉に、私は違和感を覚えます。とくに、それが行政などから言われたときです。高付加価値農業を主張しているように聞こえる。

いま必要なのは「農業推進」だと思います。1961年に農業基本法ができて以来、日本の農業は一貫しておとしめられてきた。農業を大切にしようという法律はない。「農業推進法」こそ、いま必要です。

「農業推進」とは、当たり前の農業を当たり前にすることです。農業とは、家畜を飼い、穀物を作ること。この当たり前の農業が、いまの日本では廃れてしまった。米を作ること。そして、いまもっとも大切な課題は、畑作を再生・振興することです。麦や豆、油料作物、繊維作物などを作る。当たり前の方法とは、いうまでもなく有機農業です。

生きることそのものとしての農

2004年に新潟県中越地震が起きました。山あいの小さな山古志村《やまこし》（現・長岡市）は壊滅し、全村避難になります。私はある大学の研究グループの一員として、この村の復興計画に関わりました。山古志周辺は名だたる豪雪地帯であり、地すべり常襲地帯でもあります。全村避難を機会に村ごと山を下り、安全な街に移り住むという考えもありえました。しかし、大多数の村民は村に戻ることを選択したのです。彼らは2007年暮れまでに全員帰村できました。「帰ろう山古志へ」が彼らの悲願でした。

自然は人間に対して、ときに不条理な牙を剥きます。山古志の人たちは、その危険な自然のもとに戻ったのです。人間と自然との関係を考える際に大事なものが、ここにはあると思います。これは福島の現状にも通じる。

ただし、戻ったのは高齢者が多かった。若い人たちの多くは山を下りることを選んだからです。帰村時の高齢化率は41％。戻ったのはいいとしても、むらは持続するのか。持続の条件は何か。これらが私たち研究グループの課題となりました。

山古志の農業は零細です。私は「小さなむら」の「小さな農」の意味をあらためて考えることになります。山あいの零細農業は、時々の政府の政策により、「産業」としての機能を奪われ続けてきました。農業では食えなくなったのです。けれども、その結果、「自給」という農業本来の機能が残った。「小さな農」は、いまなお村人の命とくらしを支え続けています。そんな農の姿は、まさに「生きることそのもの」というべきでしょう。

１９７０年代に日本の有機農業が発見した「産消提携運動」は、ＣＳＡ（Community-Supported Agriculture＝地域に支えられた農業）の先駆として、現在海外でも評価されているようです。しかし、山古志という「小さなむら」で果たす「小さな農」の役割からは、ＡＳＣ（Agriculture-Supported Community＝農業によって支えられた地域）とでも表現されるべき姿が見えてきます。

地域を支える農業は、地域の自然、そこにある人材を十分に活かし切るものでなくてはなりません。いま、ここで、最善を尽くすことが必要です。できることを精一杯する。できないことは決して無理しない。私はこのようなむらのあり方を「がんばらないむら」と名付け、私たちの研究報告書で以下のように山古志を描きました。(8)

「何か特別なものがあるわけではない。ごくあたりまえのものが、ごくあたりまえにある。旨い米。野菜。庭や道筋は花でいっぱい。何でも作って、誰もが物知り。客人はいつも優しく迎えられる。美しく、温かく、美味しい。こんなむらがユートピアでなくて、どこにユートピアがあるのだろう。……たえず何かを探し求めることは辛く、苦しい。いつも不平、不満が残る。ないものねだりをしない。背伸びをしない。今ここにあるものの価値を認め、それを最大限活かそうとする。ここには愉しみと、歓びがある。ユートピアは、それを探そうとする限りどこにもない。しかしユートピアは、今、ここで最善を尽くす限り、今、ここに与えられる。「美しいむら（山古志）」は「がんばらないむら」なのである」

天国はいらない、故郷を与えよ

都市文明がいま、日本の社会を支配しています。われわれは都市文明を「天国」であると錯覚してきました。でも、原発に支えられた「天国」は束の間の幻覚にすぎないことに気づかされました。

「天国」がないことに気がついたわれわれは、どこへ行くのでしょう。われわれの行き先は、「故郷」をおいてほかにありません。誰にとっても「故郷」はある。その「故郷」を拠点に一人ひとりが生きていく。

どこに住んでいても、そこが「故郷」になります。故郷は自分で選ぶことができる。ただし、一度選んだら責任が発生する。私は東京の片隅に小さな農園を作ったとき、ここで生きていくと決意しました。その瞬間、私はその土地に対して責任をもったことになります。その瞬間、その土地は私にとって「故郷」になりました。

「故郷」に放射能が降っても、私はそこで生き続けようとしました。そこで子どもたちも育ちました。「故郷」とはそういうものです。自分が責任をもつ拠点、それが「故郷」だからです。

最後に2012年に書いた文章[9]を紹介し、まとめとします。

「故郷に還る。それは、人が大地や森や海など自然と共生するくらしに戻ることです。国の成り立ちで言えば、農業、林業、漁業など第一次産業を中核にした社会を再生させることです。「天国」が演出した大量生産・大量消費・大量廃棄の仕組みを廃棄する。その代わり、小さな地域(故郷)単位に食糧やエネルギーの自給圏をつくる。そこで小規模な有畜複合農業を復活させる。こうして疲弊した故郷を甦らせていくのです」

＊本稿は、２０１２年11月３日に福島県郡山市で行われた福島県有機農業ネットワーク主催のシンポジウム「有機農業を原点に持続可能な社会と暮らしを考える」での報告をもとに、『月刊むすぶ』(ロシナンテ社)２０１２年11月号に掲載されたものに、一部加筆を行った。

(１) 星寛治「自立、自活の村づくり」松永伍一編『講座　農を生きる５歴史をふまえて』三一書房、１９７５年。
(２)「福島視察・全国集会　農から復興の光が見える！～有機農業がつくる持続可能な社会へ～」(２０１２年３月24～25日、福島県郡山市、福島県有機農業ネットワークふくしま集会実行委員会主催)。
(３)「たまごの会」については、拙稿「農法と人間」長須祥行編『講座　農を生きる３土に生命を』三一書房、１９７５年、参照。
(４) 拙稿「『農』と『食』との自立を求めて」『技術と普及』１９７６年２月号。
(５)「やぼ耕作団」については、以下の拙著を参照。『やぼ耕作団』風濤社、１９８５年。『ぼく達は、なぜ街で耕すか』風濤社、１９９０年。『都市の再生と農の力』学陽書房、１９９３年。『街人たちの楽農宣言』(編著)コモンズ、１９９６年。
(６) 拙著『自給自足12か月』(共著)創森社、１９９６年。
(７) 拙稿「天国はいらない、故郷を与えよ」池澤夏樹ほか著『脱原発社会を創る30人の提言』コモンズ、２０１１年。
(８) 拙稿「山古志を生き続ける――「美しいむら」への軌跡・そして未来」東洋大学福祉社会開発研究センター編『山あいの小さなむらの未来――山古志を生きる人々』博進堂、２０１３年。
(９) 前掲(７)。

論点4

「子どもには食べさせない」という考え方は、本当に正しいのか

子どもは闘わなくてよいのか

明峯 子どもの問題は本当に重要で、小出さんのおっしゃることは正論だと思います。子どもの健康を考えれば、子どもだけは守らなければならないという考えに、異議を出しようがない。ですけれど、ここからはぼくの感覚的な部分でお話しさせてください。

子どもだけを特別扱いしてよいのかというのが、親の一人でもあるぼくの気持ちとしてありま す。ひとつは、親が原発と闘おうとしているとき、子どもはそばにいて一緒に闘わなくてよいのか。少なくとも、闘う親の姿を目撃していなくてもよいのか。子どもも闘いの陣営に入れようと、ぼくは思うのですね。ぼくのセンスで言うと、子どもだけ疎開させることはできないと思う。子どもは守らなければならないというのは誰も否定できないけれど、子どもを本当に守るとは、どういうことなのか？ 子どもと一緒に闘って、汚染の中で子どもを育てることは、子どもを守ることにならないのか？

また、子どもを守るという場合、子どもの健康を最優先させているわけですよね。でも、子どもの成長は健康のことだけを考えていればいいのか？ これがもうひとつの気持ちです。

これからの未来をつくるために何よりも子どもに健康に育ってほしいというのは、何度も言うように異論を出しようがない命題です。だけど、そのことを最優先させるだけで、ことはすむのか。福島が汚染されたとするならば、子どもが福島にとどまって、おとなと一緒に闘っていくということはありえないのか？　もちろん、福島で汚染されたものを食べながら。

そういうことって、農家では普通ですよね。おとなと子どもで食卓が違うというのは、ありえない。仮に半年や1年は非常事態としてあったとしても、長くは続きません。子どもたちは10年、20年と農村の文化のなかで育っていく。地域のなかで育っていくわけです。そこから子どもをはずしてよいのかという気持ちが、ぼくのなかでは強いんですね。もちろん、子どもとともに闘っていくためには十分なケアが必要でしょう。そのうえで、これは単なる暴論ですかと問いたい。

おおいに異論はあると思うんです。それを承知で言っています。子どもの健康を守らなければならないというのは、否定しようのない命題です。それについては、異論はありません。だけど、それだけで子どもの問題を考えることには、ぼくは違和感があります。

じいちゃんやばあちゃんの痛み

――菅野さんにうかがいます。東和では、家族の食卓が、子どもとおじいさんやおばあさんで、あるいはお父さんやお母さんで、分かれているケースもあるのでしょうか？

菅野　３・11後しばらくは、測定器がありません。だから、自分が作ったジャガイモやトマトやなすやきゅうりが何ベクレルなのかわからないという不安のなかで、食べていました。

私たちのところに測定器が入ったのは、7月になってからです。そして測定が始まったら、チェルノブイリの経験からセシウムの数値が高い高いだろうとネット上で言われていたジャガイモは、実際には10ベクレルだったり、ゼロだったりしました。これで、じいちゃんやばあちゃんは「よかった、これなら孫に食べさせられる」と安心しました。じいちゃんやばあちゃんがやっとほっとしたのは、科学的なデータが出てからです。

それでも、簡単ではない。じいちゃんやばあちゃんは、子どものために、孫のために野菜を作ってきました。ところが、子どもや孫の健康を考えるからこそ、子どもや孫に食べさせられない。じいちゃんとばあちゃんの苦悩は続きました。それが私たち福島で暮らす人間の現実です。

ようやく2年目の２０１２年になって、孫にも食べさせられるという家がかなり増えてきました。でも、いまだに炊飯器が2つという家も実際にあります。私の隣の家は、子どもが5歳と2歳です。「若い人たちは自分の家の野菜は食べないで、買ってきて食べるんだ」と、じいちゃんやばあちゃんが言っています。まだそれが続いている。子どもの健康のために、じいちゃんとばあちゃんが心を痛めているということをみなさんにわかってほしい。そのうえで福島を見てほしいし考えてほしいと、私は思っています。

人間の暮らしは一つの立場だけでは考えられない

明峯　これも程度の問題ですね。文字どおり汚染されたものを食えって、無理強いするわけではありません。

だけど、いま菅野さんがおっしゃったように、農家であれば自分の家の畑で育ち、採れたものを食べて育って、おとなになっていく。場合によっては一緒に農作業もする。こうして農の文化は継承されていく。そこのかけがえのない大事さというのは、確実にあるわけです。これにもおそらく異論はないと思います。その大切さもあるし、子どもの健康という大切さもある。ファクターは少なくとも二つあるのですよ。

ぼくが言っているのは、一つのファクターだけ、つまり健康が何よりも大事という考え方だけを優先させるのはおかしいだろうということです。子どもをどう育てるかについてもいくつもファクターがあって、それを親が子どもと相談しながら、悩み、考えていく。仮説を立てて生きていく。子どもをどう育てていけばよいか、本来のあり方は何かを、親たちは悩んでいる。それはとても大事な悩みです。「健康のために、子どもには別のものを食べさせる」と簡単にすっきりとはいかないでしょうと、ぼくは言いたい。

もうひとつは親の責任ということです。「君の食べているものは健康を損なうかもしれない。それはなぜなのか」ということを親は子どもに学ばせる責任があると思います。社会は君たちにこんなに過酷な運命を与えているんだと言って、一緒に闘おうと育て上げていくのは、親の責任ではないですか？　すべての人がそうすべきというつもりはないですが、そういうことについて考えることも大事なんではないか。

何度も言うように、子どもの健康が最優先だというのは一つの立場としてはある。でも、それは一つの立場であって、人間の暮らしは一つの立場だけでは考えられない。これが、ぼくの一貫した考え方です。それは、子どもに対しても同じだと思います。特別なケアを考えつつですが……。

小出　私は原理主義者ですから、子どもに危険のしわ寄せがいくことは親としてするべきでないと思っています。私の家であれば、子どものお釜と私のお釜は別にします。私がこんなことを考え始めたのはチェルノブイリ原発事故以降です。

あの事故の前、私はイタリア産スパゲッティを食べていましたし、ヨーロッパ産チーズをよく酒のつまみに食べていました。事故が起きてからも、まったく同じ生活を続けました。イタリア産スパゲッティを好んで食べ、ヨーロッパ産チーズを食べ続けました。それらが汚れているということは、私は十分に承知していました。自分で測定していたわけですから。でも、原子力を進めている日本という国で暮らすおとなとして、それを拒否するという選択が私にはできなかったので、ヨーロッパの食品をそのまま食べ続けました。

けれども、子どもには与えませんでした。私と子どもは別のものを食べるという生活を続けましたし、今後もそうするつもりです。

ただし、明峯さんがおっしゃるように、もちろん選択はさまざまでしょう。放射能の危険度だけで人間の生き方が決まるわけではないですから、それぞれに考えていただいていい。そのうえで、何度も言いますが、放射能は危険です。そして、子どもがその危険の大部分を負うということだけは承知していただきたいと思います。

食卓を共にすることの意味

明峯 同時に、食卓を子どもとおとなが共にすることがこよなく大事だということは、あらためて言っておきたい。

都市的な食生活では、釜を分けることが容易にできるんですよ。素材のほとんどは購入したものだからです。でも、地域に根ざした農村の生活というのは、地域の暮らしそのものの反映ですから、釜をきれいに二つに分けることはできない。ここにも逃げることのできない食生活があるんだと理解してほしい。いや、理解しなければいけない。それを理解したうえで、どう選択するかはそれぞれの結論です。

選ぶことができる都市的な食生活では、子ども専用のメニューができる可能性がないわけではない。でも、農村の本来の食生活では選べない。できたものを食べるんです。自然が生み出したものに従うんです。そして、それが人間として本来の食のスタイルだとぼくは思っています。器用に分けるということは、都市生活で考えるほど簡単ではないという理解が必要です。

論説3

放射能汚染食料への向き合い方

――拒否するだけでは解決しない

小出裕章

膨大な放射能がチェルノブイリ原発事故で放出された

原子力がその過酷な性格を白日のもとに晒したのは、1945年のことである。その年の夏3発の原爆が、米国の砂漠、広島、長崎と相次いで炸裂した。

広島で炸裂した原爆の場合、実際に燃えたウランの量は750gといわれており、750gの灰がばらまかれた。その結果、広島の街は一瞬のうちに破滅し、数十万人もが命を失い、さらにその後多くの人びとがガン・白血病などに苦しまねばならなかった。一方、今日一般的となった100万kWの原子力発電の場合、1年間運転されるごとに、1tのウランが燃え、1tの死の灰が生み出される。

1986年の春に、チェルノブイリ原子力発電所で史上最悪の事故が突発した。事故を起こすまでに約2年間運転されてきたため、炉内では約2t、広島原爆の2600発分にものぼる死の灰が生成されてきた。

一言で「死の灰」といっても、千差万別であり、きわめて寿命の短いものから、長いものまであり、人体に対する危険性もさまざまである。なかでも、もっとも危険な死の灰の一つは、セシウム１３７とよばれる放射能である。

そこで、チェルノブイリ原発事故で放出されたセシウム１３７の量を広島原爆で撒き散らされたそれと比較して図示すると、図１のようになる。チェルノブイリ事故では、広島原爆の１４００～１５００倍もの死の灰が撒き散らされた[1]。

図１　チェルノブイリ原発事故で放出された放射能量は広島原爆の1400～1500倍

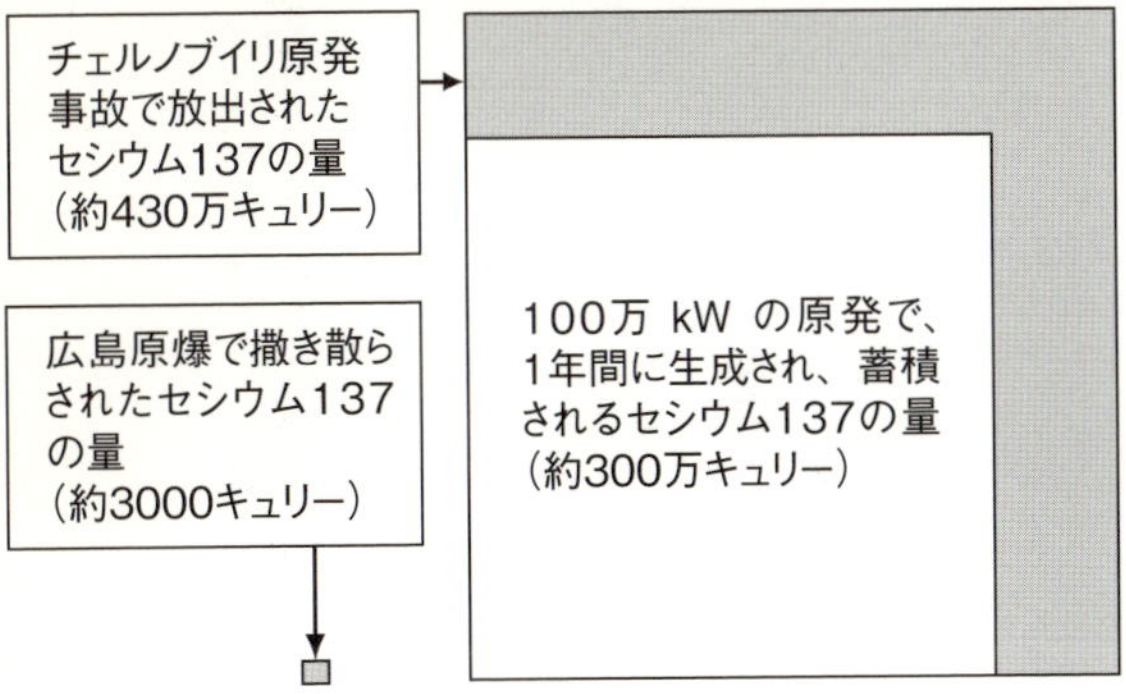

（注）1キュリー＝約370億ベクレル。

深刻な汚染と被害

１９４５年に3発の原爆が炸裂して以来、１９８０年までに合計４２３回の大気圏内核実験が行われた。その結果、仮にチェルノブイリ事故がなかったとしても、すでに全地球が放射能で汚染されていたのは事実である。その汚染の量と、チェルノブイリ事故によって新たにつけ加えられた量とをセシウム１３７を尺度にして比較すると、図２のようになる。

たまたま８０００㎞も離れたウクライナの原発で起こったから、日本が受けた汚染は比較的少なかった。しかし、平均的なヨーロッパでは、40年間にわたる全大気圏内核実験で受けた汚染と、たった１回のチェルノブイリ事故によって受けた汚

図2　チェルノブイリ原発事故によるセシウム137汚染の深刻さ

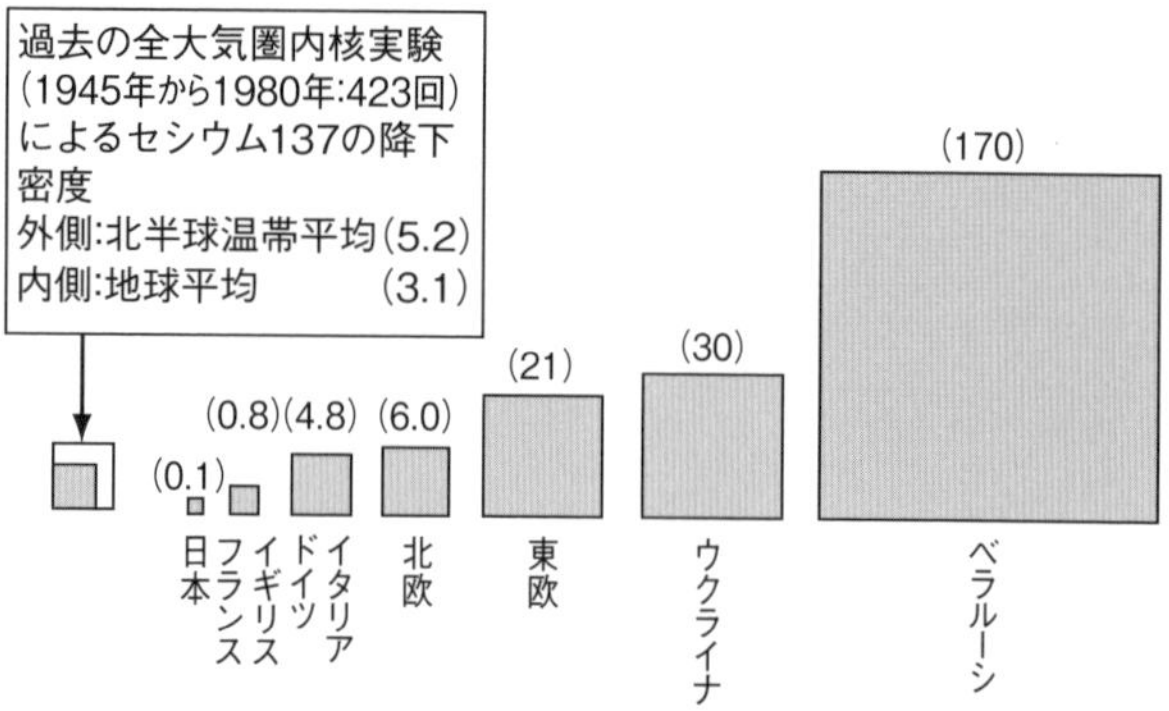

(注)(　)内の数値は、単位面積あたりのセシウム137の降下量を示す(単位：kBq/㎡)。

染とがほぼ等しい。なかでも、北欧・東欧の汚染は著しいし、当然ながら、旧ソ連の汚染はさらにひどい。旧ソ連きっての穀倉地帯であったウクライナの汚染は著しいし、その北に位置するベラルーシ(旧白ロシア)の汚染はもっともっとひどいのである。

チェルノブイリ原発の事故で放出されたセシウムによって私たちがどれだけの犠牲を払わなければならないかを推定した結果を表1に示す[2]。この表は、2060年ごろまでに80万人を超えるガン死が生じると教えている。

しかし、ここではセシウムというたった一つの放射能の影響しか評価していない。また、旧ソ連600㎞圏内とヨーロッパ26カ国しか対象としていない。したがって、実際に私たちが支払わなけ

表1　旧ソ連・ヨーロッパ地域でのセシウムによる汚染と被害予測

	面　積(万㎢)	人　口(万人)	総沈着量(万キュリー)	ガン死予測数(万人)
旧ソ連国内600㎞圏内	113	7,450	180	57.2
ヨーロッパ26カ国	487	48,843	100	26.2
上記2地帯の合計	600	56,293	280	83.5
上記2地帯以外の地域	—	—	150	未評価

ればならない犠牲は、この値よりもはるかに大きなものにならざるをえない。実際の犠牲者の数は100万人をはるかに超えるものになることを、私たちは覚悟しておかなければならない。

輸入食品の汚染とずさんな規制

チェルノブイリ事故が起こった1986年の秋、原子力に反対する世界各国の人たちが、オーストリアのウィーンで集会を開いた。私もその集会に参加し、ウィーンの街を歩きながら、子どもへの土産にマロニエの実を拾って来た。だが、そのマロニエの実はとうとう子どもへの土産にはならなかった。なぜなら、放射能で汚れていたからである。

マロニエは5月か6月に花が咲く。4月の事故のときにはまだ花も咲いていなかったはずのマロニエの実すらが、放射能で汚れていた。それは、マロニエの実が放射能で汚れた環境のなかで、放射能を取り込みながら大きくなる以外、育つ術がなかったことを教えている。

チェルノブイリ事故はすでに「過去形」で生じてしまった。そして、私たちと私たちの子どもを含めたすべての生物は、この汚れた環境のなかでしか生きられない。

当然、私たちが日々口にしている食料も、チェルノブイリ事故以前に収穫されたものでないかぎり、もちろん汚れている。ただし、その汚染レベルは、事故による環境の汚染レベルを反映しており、当然ながら、ヨーロッパの食料の汚染は日本のものに比べてはるかに高い。日本の国（厚生省：当時）は以下のような対応を取った。

①ヨーロッパなど汚染が予測される国からの食料は、輸入の際に抜き取り検査を行う。

②セシウム137と134の合計で、1kgあたり370ベクレル以上に汚染された食料は輸入を許可しない。

しかし、この1kgあたり370ベクレルという規制値は、とてつもなく高い。

この値は、1年間170ミリレム（1・7ミリシーベルト）の被曝を許すという仮定のもとに、はじき出された。しかし、仮に1億2000万人の日本人が全員これだけの被曝をするとすれば、約7万人ものガン死が生じることになるのである。(3)

また、規制の方法自体もずさんである。なぜなら、国が行った検査は、汚染が予想されるヨーロッパ地域からのものだけであり、ヨーロッパ地域からそれ以外の第三国を経由して来るものは、まったく検査にかからない。そのうえ、ヨーロッパから直接輸入されるものも、ほとんどは届け出件数のわずか1割しか検査を受けない。さらに、その1割に該当したものでも、実際に測定されるのはわずか1kgだけである。

当然ながら、検査を逃れた汚染食品が街に出回っており、規制値の2倍以上の汚染をした月桂樹の葉が、京都大学の荻野晃也によって実際に確認されている。(4)

汚染は弱者に押し付けられる

国のずさんな輸入食品の規制を前にして、多くの日本人は、より厳しい規制値をとるよう国に求めた。しかし、私はその要求に与《くみ》することができない。なぜなら、日本が輸入拒否しても、汚染食料はこの世からなくならないからである。日本が拒否した汚染食料は、他の誰かが食べさせられるだけだ。

繰り返し述べたように、汚染を「過去形」で許してしまった以上、その環境から生育する食料の汚染は避けられない。私たちが選択できる問題は、汚染食料を誰が食べるかという一点だけであり、純粋に「分配」の問題である。

日本が拒否した汚染食料は、これまで原子力を利用してこなかった国々、それゆえに汚染の検査すらできない国々、貧しく食料に事欠いている国々に押し付けられることになる。

原子力開発によるデメリットは、誰を措いても原子力を推進している国々こそが連帯して負うべきであって、間違っても原子力を選択していない国々に負わせてはならない。したがって、チェルノブイリ事故による汚染は、それが選択可能なものであるかぎり、当の旧ソ連は当然にしても、フランス、日本のような原子力開発に積極的な国々こそが負うべきである。

放射能で汚れた食べものを、もちろん私は食べたくない。日本の子どもたちにも食べさせたくない。だが、日本という国は少なくとも現在、原子力を選択している。そうであるかぎり、日本人は自らの目の前に汚染した食料をのぼらせて、原子力を選択することの意味を十分に考えてみる責任がある。

潰れゆく日本の社会と環境

私は、先に日本の現在の輸入規制がまったくずさんなものであると書いた。しかし、日本は毎年２５００万ｔ、値段にして３兆円もの食料を輸入する世界一の食料輸入国である。その膨大な食料のすべての検査をするなど、はじめからできない相談なのであって、問題はむしろ検査もできないほどの食料を輸入しなければならなくなっている、いまの日本の国の状態なのである。

第２次世界戦争後、日本はひたすら工業化の道をたどり、エネルギーを膨大に浪費することによって繁栄とやらを築いてきた。その一方で、農業が切り捨てられてきたことは言うまでもない。ところが、そうこうしているうちに、日本の環境は瀕死の瀬戸際に立っているのである。

図３に示すように、日本は第２次世界大戦後、１９７０年代前半まで年率10％という急激な勢いでエネルギー消費を拡大してきた[5]。

言うまでもなく、私たちの環境はすべて太陽エネルギーによって支えられている。そして、太陽エネルギーの０・２％のエネルギーが風や波など

図3　潰れいく日本の環境

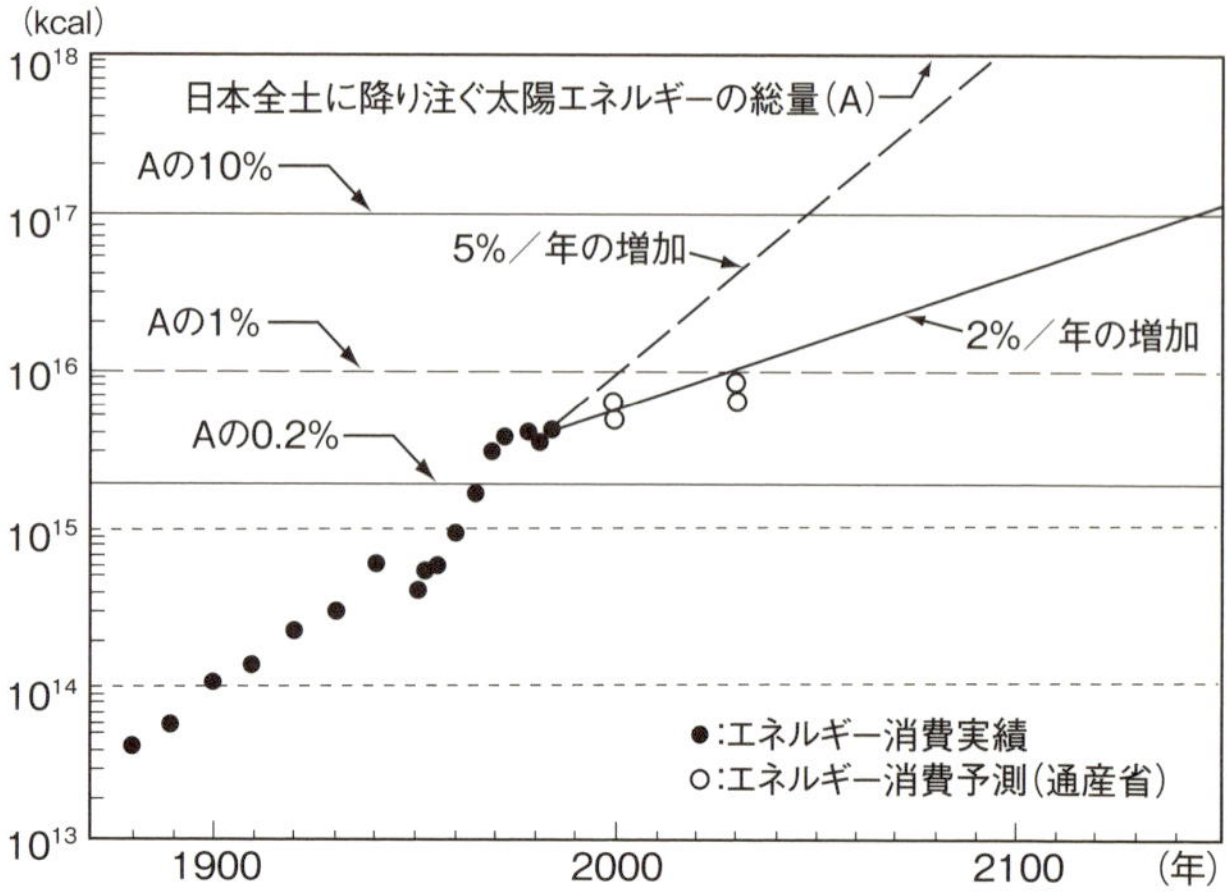

の自然現象を生じさせるために費やされている。今日の日本では、すでにそれ以上のエネルギーを人為的に発生させ、消費している。

こうした状態でまだ環境が維持されていることも不思議だが、今後も従来どおりエネルギー消費量の拡大を続けるならば、太陽エネルギーの1割ものエネルギーを浪費するようになるのは、そう遠い未来ではない。しかし、太陽エネルギーの1割ものエネルギーを人為的に発生させて、なおかつ環境のバランスが崩れないなどとは、到底信じられない。

エネルギー浪費型の工業社会からの脱却

問題はすでに歴然としている。すなわち、いま私たちに求められているのは、「エネルギーが足りないからエネルギーを供給する」ことではなく、「エネルギーを大量に必要としない社会を創る」ことなのである。エネルギー浪費型の工業社会から一刻も早く脱却し、この環境に見合った新しい形態の社会を創り出すことこそが求められている。

日米二国間の牛肉・オレンジ自由化問題の決着

をみて、マスコミは「農業の構造改革が必要だ」と一斉に論陣を張った。しかし、必要なことは農業の構造改革ではなく、農業を疲弊させてきた工業優先の浪費社会そのものを転換することである。

農産物自由化問題の議論でも、私はかねがね思ってきたことがある。それは、ともすると時間の流れが無視されていることだ。私たちは過去の歴史を背負いながら、未来に向かって現在を生きている。現在、外国産の農産物が安いとか、あるいは農薬汚染・放射能汚染があるから危険だとかは、まったく枝葉末節のことである。本質的な問題は、私たちがどのような社会をこれから築いていかなければならないのかという問題である。

農薬がこわいのは確かである。しかし、自分だけが無農薬野菜を食べるというような運動では、直面している問題から決して逃れられない。真に農薬から逃れるためには、農薬を使わない農業を回復させる以外に術はない。

また、農産物の長距離輸送をするためには、収穫後の農産物に農薬を使用することがどうしても必要になる。そうした農薬の収穫後使用から逃れるためには、農産物の長距離輸送をさせない以外に術がない。つまり、自らの地で農産物を供給するような社会構造を生み出す以外に道がない。そして、そのためには、浪費型工業化社会の転換こそが求められている。

農薬漬けの農業と食料輸入依存社会からの脱却

今日の現実の世界には気の遠くなるような巨大な課題が山積みされており、私たちの一人ひとりは、どんなに頑張ったところで、その巨大な課題のごく一部分に自らを関わらせることができるにすぎない。そうしたとき、私たちに求められているのは、自らが真に求めている目標が何であり、自らが関わりきれない無数の運動とどのように連帯が可能であるかを、常に問い直しながら、自らの運動を進めることである。それを欠落して、自分のまわりのごく小さな課題だけしか見えなくなった場合、一刻一刻に自らが行っている運動が、ときには自らが求めている目標と相容れないこともあるのである。

放射能がこわいという、それだけしか見えなくなり、汚染食料を日本国内に入れないよう要求する運動に、私は与しない。そうすることは、弱いものに、いわれない犠牲をしわ寄せすることになるからである。自分の身を守るために、より弱いものを踏みつけにすることだけは、何としても避けなければならない。

今後、私たちが放射能汚染から身を守るためには、放射能汚染源そのものを廃絶させる以外に道はない。真に、放射能汚染から身を守る運動ができるならば、それは、おそらく農薬漬けの農業から脱却する道、あるいは、食料を輸入に頼らなければならない社会から脱却する道と、共通の課題をもつはずだと、私は思う。

いま、私たちに求められているのは世界大の視野で問題を見通すことであり、もっと重要なことは時間の流れのなかで問題を捉えることである。

(1) 瀬尾健・今中哲二・小出裕章「チェルノブイリ事故による放出放射能」『化学』第58巻第2号(1988年)。
(2) 小出裕章「放射能汚染の現実を超えて」『技術と人間』1987年10月号。
(3) 小出裕章「放射能汚染の中での反原発」『技術と人間』1988年3月号。
(4) 荻野晃也ほか「TMIからチェルノブイリへ」『地域闘争』1987年4月号。
(5) 小出裕章「核燃料サイクルの技術的・社会的問題」『公害研究』第17巻第3号(1988年1月)。

＊本稿は、『現代農業』1988年9月増刊号「反核反原発ふるさと便り」に書かれたものである。「ソ連→旧ソ連」「一昨年→1986年」など現状に合わせた修正を行った。

論点5 安全性の社会的保証と被災地の復興

まずは実態調査

菅野　先ほど議論されていた20㎞圏や30㎞圏の線引きによって、損害賠償金に差額が出ます。逃げる・逃げない、食べる・食べないという問題を含めて、あの線引きによって福島では大混乱が起きていることを知ってください。

実際に調査してみれば、100m離れたところで空間放射線量も土壌汚染度も大きく違います。ところが、原発事故から2年も経っているのに環境省も農水省もきめ細かな実態調査を行っていません。医者が患者を診て、お腹が痛いのか頭が痛いのかによって薬を処方するように、農地も宅地もすべて50mメッシュの区画で測って、現状を把握したうえで処方箋をつくるべきです。私は、まずきめ細かな実態調査が大事だと思っています。

そうした実態調査をろくにしないうちに、除染、除染と言って大手ゼネコンに丸投げしている。数千億円も使っているこのお金は、もっともっと農民や子どもの健康調査のために、きちんとした農産物の測定をするために使ってほしい。いまの除染は国とゼネコンで決められ、住民参加型ではない、それが最大の問題です。そうしたなかで、福島で復興という名目で何が起きているかを少しお話ししましょう。

大規模化ではなく、住民のための復興を

菅野　南相馬市ではメガソーラー（大規模太陽光発電所）の建設計画が進んでいて、東芝が２０１２年６月に市と協定書を締結しました。市内数カ所の建設が検討されていて、合計の発電能力は10万kWで、日本最大規模だそうです。２０１４年度までの完成をめざすと言われています。また、30km圏にある川内村では、外気や太陽光を遮断した完全閉鎖型の植物工場が２０１３年４月に稼働を始める予定です。年間とおして、毎日８０００株の葉物野菜を出荷すると言われています。このほか、「放射能に影響されない」という大規模ハウスも、各地で建てられようとしています。これは宮城県も同じです。しかし、それが本当の復興なのか、農業の復興なのか。私は大いに疑問があります。

昔は大家族でしたから、どの農家も田植えや稲刈りをお年寄りも孫も一緒になって行いました。ところが、そうした光景がだんだんなくなってきた。今度は復興という名のもとに、小さい農家が追い出されようとしています。もちろん、そこからは子どももお年寄りも追い出される。そして、大型ハウスを造ったり、大規模な水田に変えたりする。それが本来の農業のあり方なのか。そこにゼネコンが入るというのは、どういうことなのか。それが住民のための復興と言えるのか。本来、子どもからお年寄り、障がい者まで共に汗して働くのが、農業であり、農村です。

これからの福島の農業をどうするのか。日本の農業をどういう方向で考えていくのか。食べものの安全性の追求と農業の復興のあり方を根本から考え直さなければいけないと思っています。

東和では、原発事故後に農家民宿を開く動きがあります。私の娘もやろうとしています。もっともっと現場に来て、実状を知ってほしいからです。また、2012年は多くのみなさんが福島に来て、一緒に田植えや稲刈りをしていただきました。福島の農業、さらに復興のあり方を、福島の人間だけではなく、都市で暮らす人たちと一緒に考えていく場をつくらなくてはならないと思います。そのためにも、大いに福島に足を運んでいただきたい。そして、都市の方々の力と私たちの力が一緒になって働く場を各地域でつくっていきたいと思って、準備しているところです。

農で生きる人に寄り添った復興を

中島　地域や立場によって、かかえている苦悩はものすごく違います。汚染の状況もさまざまだし、2年間の経過がそれぞれのところでまた複雑なんですね。そういう現実をふまえて、あらためて福島で農で生きようとする人たちに寄り添いながら、その人たちが何を希望しているのかというところから問題を考えないといけないと思います。ですから、一つの考え方で、一律に復興を進めるわけにはいきません。

おそらく多くの方々がいま一番ゆれているのは、福島の地で農業を続けていくことの意義と展望についてでしょう。その視点になかなか気持ちが定まっていかない。そこをいろいろなかたちで支えながら、農家の方々自身の歩みとしてこれからつくっていけたらいいなと思います。

たとえば放射能対策で言えば、ゼオライトを撒くとセシウムを抑制できると言われてきたけれど、ゼオライトを撒くことが田んぼによいのかという問題もあります。放射能対策にも役立ち、かつ土づくりにも役立つというあり方を、農民の立場から具体的に探求すべきだと思います。また、田んぼの土づくりの視点からみれば、ゼオライトより優れた粘土の資材もある。そういうことも含

めて、現在までの経験では、以前から取り組まれてきた良質堆肥を入れる土づくり技術は放射能対策としても効果的なようです。

　こうしたきちんとした営農方針は、２年間の経験でいえば、だいたい放射能対策としても有効であることがわかってきました。ある機能がどうこうというのではなく、土のいのちを育んでいって土が活性化してよいものになることが放射能対策としてもよいということは、だいたい見えてきています。

　一方で、農産物が売れないという問題があるんですね。２０１２年は、売れるけれども、安値で買い叩かれました。「あなたたちは補償金をもらっているんでしょ。だから、その分は下げさせていただきますよ」という話がごく普通にあった。これは、値段が安いと言う以上に屈辱ですよね。冗談じゃない。

　こうした状況に対して、「オレのきゅうりをちゃんと評価して買ってくれないのならば、買わなくてけっこうだよ」と言うような、農家としてのある意味では居直りができるような取り組みをしていきたい。そのためには、安全か安全じゃないかということもあるけれど、そのお米が、そのきゅうりが、その桃が本当にいいものであるということをきちんと評価できる人に食べていただきたい。そういう人たちを一人ひとりつなげていけば、福島の農産物を食べてくれる人を見つけだすことができるのじゃないか。

　一般的なマーケティングではなく、「このお米を喜んで食べたいと思っていただけますか？　安全性の問題だけではなく、自然もありますよ、心もありますよ」というふうに多くの方々に働きかけていったらどうかなと思います。

そのうえで、生産者、つまりそこで生きる人たちの心をどう元気づけられるのかが、一番の問題だと思います。

小出　私はたいへん申し訳ないけれど、原子力という閉鎖空間で40年間も生きてきましたので、農民の方々の実際の仕事をほとんど実感としてわからないという立場にいます。大きな苦難のなかにあるだろうということは想像できますし、そのなかで菅野さんを含めて多くの農民が自立的な農業を維持し、非常に大変な事態に耐えてくださりながら、大切なことをされている。それは、頭ではもちろんわかるし、きちんと理解したい、実感として理解したいと思います。しかし、私自身の力がそこまで到達していないという不十分性を感じながら、聞かせていただきました。

明峯　都市住民が福島の農民を「支援」するということですが、農民は「支援」がなくても生き続けられるということを理解しなければなりません。彼らには土地があるし、自給のためのノウハウもある。助け合う仲間もたくさんいます。「支援」が必要なのは都市住民のほうではないでしょうか。もし首都圏に大地震が起きれば、都市に住む人びとはその瞬間から生きるすべを失い、路頭に迷うにちがいありません。土地もない、自分の力で生き延びる特別の知恵もない、ついでに体力もありません。

それでも、いま都市住民が福島の農民を訪ねて「支援」する意味はあると思います。それは、何よりも彼らが孤立していないことを伝えるためです。そして、復興に苦闘する彼らの姿から農という営みのたくましさを学び、都市的暮らしの脆弱さを自省する意味があると思います。

質疑応答

＊公開討論会の場では、数多くの質問が出された。そのうちのいくつかを紹介したい。

大気中のストロンチウム90とプルトニウム

——セシウム以外の危険な放射性物質はありますか？　セシウムだけ考えればよいのですか？

小出　福島を中心に広大な地域を汚染しているのはセシウムです。では、他の放射性物質はどうなったのか。ストロンチウム90やプルトニウムはどうなのかを多くの方がご心配になっていると思います。当然のご心配でしょう。

大地を汚した放射能は、空から降ってきました。放射性物質が空気中に撒き散らされ、雲になって流れて、雨で落ちたり、ペタペタとくっついたりしたものです。

放出された放射能は、まず希ガスというガスです。ただし、それは言ってみれば雲散霧消してしまい、大地に残っていません。地球全体に拡散してしまったということになります。

その次に大量に出たのは、ヨウ素という放射性物質です。ヨウ素はかなり大量の被曝をもたらしたと思いますが、一番長い寿命をもっているヨウ素131でも8日経つと半分に減り、また8日経つとその半分に減るので、すでにありません。

次に大量に出てきたものがセシウム。これが大地を汚し、農作物にこれから汚染をずっと残していくわけです。

そのほかはどうかということなのですけれども、ストロンチウム90はセシウムに比べても生物毒性の強い放射性物質ですので、本当は注意をしなければいけません。ただ、大気中に噴き出してきた量はセシウムのたぶん1000分の1くらいでしょう。正確ではないかもしれませんが、オーダーでいえばそうだと思います。セシウムに比べてたぶん倍くらいは危険だと思いますけれど、出てきた量が圧倒的に少ない。大地を汚しているという意味では、気にしなくてよいということはないですけれど、もっと注意すべきはセシウムだと言えると思います。

では、プルトニウムはどうか。プルトニウムは、ストロンチウムに比べてまた1000分の1くらいしか出ていません。つまり、セシウムに比べれば100万分の1しか出ていない。たしかに生物毒性はきわめて高いけれども、これもまたセシウムに比べれば小さな寄与しかしないと思います。だから私は、大気中に放出されて大地を汚している放射能に関するかぎりは、セシウムに何より注意してくださいとお願いしたい。

海に流れる放射能の危険性

小出　ただし、先ほどから何度も限定していますように、これらは大気中に出たものに関してだけです。いま現在も海に向かってどんどん放射能が流れているわけで、その放射能の成分としては、ストロンチウムはおそらくセシウムと等しいだろうと思います。そうなると、生物毒性が高い分だけ、今度はストロンチウムが人間に危害を加えることになると思います。今後の海産物については、セシウムによる汚染だけでなく、ストロンチウムによる汚染にも、十分に注意しないといけないでしょう。

このストロンチウムの測定には、たいへん手間がかかります。セシウムの測定は、自前で測定器を買って測っている方もおられるくらい容易なのですが、ストロンチウムの場合は一つの試料を測るのに何日もかかってしまうので、なかなかデータが出てこないでしょう。みなさんも、行政や東電に働きかけて、海産物のストロンチウム汚染をしっかり測定してデータを公開させる作業が必要だと思います。

プルトニウムについては、たぶん海に流れているものも、ストロンチウムに比べればずいぶん少ないはずです。プルトニウムというとみなさんたいへん心配されますが、これからの被曝を考えるにあたっては、それほど大きな寄与にはたぶんならないと思います。今後またプルトニウムが放出される展開にならないように、なんとか事故を収束させることが必要です。

農作業中の内部被曝は防げるのか

——農作業中の内部被曝について、現状を教えてください。

小出　私は農業に従事したことがありませんので、農作業においてどういう経路で被曝するかに関して、正確な知識はありません。ただ、内部被曝というのは、放射性物質を体の中に取り込んで起こる被曝です。どうやって取り込まれるかと言えば、3つしかありません。呼吸で吸い込んでしまう、食べものや飲みものの摂取で取り込む、手や足など体の一部に傷があった場合にそこから入ってしまうという3つです。

ですから、農作業するときに、けがをしたような状態で土を触ると被曝する可能性があると思います。それから、水田は大丈夫だと思いますが、強風で土が舞い上がっているような畑で農作業するのであれば、吸い込んで被曝することになると思います。目に入れば、体の中にどこかの経路で入っていくということもあるでしょう。吸わないようにするためにはマスクをする、目についてはゴーグルをしていただければ、内部被曝はかなり防げると思います。

しかし、マスクをすること自体が苦痛だと思いますし、ましてやゴーグルしながら農作業ができるのかどうか、私にはよくわかりません。それでも、風の強い日はやはり注意してほしいと思います。

菅野　原発事故から2年も経つと、農家自身も放射能に対する意識が薄れていくというのが事実でしょう。農民が帽子をかぶらなかったりすることもある。春先の土ぼこりなども、農民自身が放射能に対する意識をきちんとしていかないと。やはり、慣れが一番怖いと思っています。

たとえば田んぼの用水路の調査でわかってきたのは、きれいな雪解け水はほとんどセシウムを含んでいない。問題は泥水で、かなりセシウムが入っています。われわれ農家も、放射能の危険性を認識すると同時に、農業に従事するときの対策をしっかりやり、福島で生きていくために何をしなければならないかを確認していかなければなりません。

また、先ほども言ったように、農家は自分で作ったお米や野菜を食べています。ホールボディカウンターの検査でNDだったと言っても、検出限界が体重1kgあたり10ベクレルなんですね。これはどうなのか。農民の健康検査をもっとていねいに行う機会の整備——ホールボディカウンターだけでなく、尿検査も含めた検査体制の整備——を早急にしてほしいと思います。

すべての農産物は汚れている

——西日本の野菜を検査すると、20ベクレル程度が出ています。西日本の野菜の安全性については、どう考えたらよいでしょうか。

小出　西日本の野菜だけではありません。世界中の農作物が、福島からの放射能で汚れています。もちろん、チェルノブイリ事故のときも同様です。チェルノブイリ周辺やヨーロッパの農作物だけでなく、日本の農作物もあのとき汚れていました。すでに、地球全部が汚れています。ですから、西日本の野菜は安全だなんて思ってはいけません。

程度の差はあっても、すべて汚れていると思うしかないのです。汚染の強い農地で採れる農作物は、原則的にいえば汚染度が高いであろう、汚染の低い農地で採れる農作物は、原則的にいえば汚染度が低いだろうというくらいのことが言えるのであって、どんな農作物でも汚染されていると覚悟しなければなりません。

では、農作物にどう向き合うのかといえば、安全でないということを知りながら、どうやって私たちがそれを受け入れるかという選択しか残されていないと、私は思います。そして、食べものの総量は決まっているわけで、私は子どもにはできるかぎりきれいなものを与えたいと言っているわけですね。そうすると、汚れているものはおとなが引き受ける覚悟がなければならない。すでに聞いてくださった方もいるかもしれませんが、その覚悟をするための仕組みを私は提案しています。

映画で18禁というのがありますね、18歳を超えないと見てはいけないという映画の制度です。私はそういう制度には実は反対ですけれども、食べものにそういう制度を導入する。まずは60禁。これは、60歳を超えないと食べてはいけない。次に50禁、そして40禁、30禁、20禁、10禁というように、すべての食べものを仕分けして、それぞれが受け持って食べるというやり方をしたいのです。野菜についても、お米についても、きのこについても、それをやる。農民が作ってくれたものはすべてありがたく受け取って、それを仕分けして、そして農業を支えるのです。

地域だけで選ぶというのはそれなりに危険だということを、みなさん承知しておいていただかなければなりません。私の提案を実行しようとするなら、福島だけではなくて、日本中、あるいは世界中の食べものについて、汚染度をきちんと測定して、それを正確に人びとに知らせ、そしておとなが覚悟をもってそれに向き合うことが必要です。たいへんむずかしいとは思うのですが、方向としてはそちらに向かうべきだと思っています。

自然放射能からの被曝

中島　福島で民間が測定をしていた当初、２０１１年８月くらいからはおおむねセシウムは検出されなかったと申し上げましたが、出るケースもあったんですね。北海道や九州の野菜から出るんですよ。なぜなのかといろいろ考えてみると、機械が悪かったということが後でわかりました。それはどういうことかというと、間違った機械で測っていたわけではなくて、セシウムと自然界に存在するカリウム40を区別できない機械で測っていたということです。北海道のものはたまたまカリウム40が高いため、セシウムはほとんど含んでいないけれども高い数値が出ました。

その経験からカリウム40を調べてみると、食事でいえば平均して40ベクレルぐらいは測定されるんですね。一方、セシウムについては下限値１ベクレルでも出ない。そうなると、自然放射能のカリウム40からの被曝は、原発事故の放射能の絶対量と比べて決して小さくはない。カリウム40の摂り方をコントロールするほうが、食事からの被曝を減らすという意味ではずっと可能性があるんではないかということもあるわけです。それらも冷静に考えて議論しなければダメじゃないかと私は思います。

小出　この中島さんの話は２つの点で重要です。

一つは放射能、放射線の測定は、私が言うのは傲慢かもしれませんが、たいへんむずかしいのです。測定についてきちんとした知識をもたないまま測定してしまうと、まったく間違った結論を得てしまうことになります。

二つ目は、カリウム40など自然の放射性物質にも十分な注意を払わなければならないということです。放射能を恐れる人のなかには、天然の放射能ならば害がない、あるいは害が少ないと思っていらっしゃる人がいますが、そうではありません。放射能は天然も人工もどちらも危険です。

同じ放射能量で比べれば、カリウム40はセシウム137に比べて危険度は半分くらいです。それでも危険がないわけではありません。中島さんも指摘してくださっているように、人工のセシウム137を避けようとしてカリウム40の含有量が高い食べものを食べてしまえば、逆に被曝量が多くなってしまう場合だってあります。

ただし、カリウム40は天然にあるものであって、私たちがコントロールできるものではありません。一方、セシウム137は私たちが人工的に作り出し、そして環境にばらまいてしまった放射能です。すでに環境にあるという意味では同じですが、少なくともセシウム137を今後環境に出さないようにする責任は私たちにあります。

菅野　質問に対する直接の答えではありませんが、主食である米や野菜の基準値と、たまにしか食べない栗とかゆずとかの基準値が同じ100ベクレルであるということに、私は疑問があります。厚労省は、実態に照らし合わせた基準値を出していません。もっともっと福島県の現場に入って、農家の実態調査をふまえた基準をつくってほしいと思っています。

仮設住宅を含めた農業再開への支援

――居住が禁止されている地域の農民は将来どうしたらよいとお考えですか。

中島　居住禁止がどの程度続くのだろうかが、まず心配ごとだと思います。

いま仮設住宅に入っておられる方が多いけれども、仮設住宅で農業をやっていく条件整備は、ほとんどありません。仮設住宅が建っているところのほとんどは農村地域ですから、せめて自分の食べる野菜くらいは作りたいという希望はあるんですが、それを支援する体制はない。土と共に生きる生活を仮設内ないしは移転先の条件のなかでどうつくっていくのか。これは、その方々の健康も含めて、相当に大事な支援方策ではないかと思います。

この問題を考えるうえでもうひとつ非常にむずかしいのは、補償の問題です。強制退去地域では、将来への展望は見えてきませんが、それまでの農業でやっていた収入は補償金である程度補填されています。これが続くか続かないかが、避難している方々からするともうひとつの心配ごとなんですね。これが非常にシビアになるのは、警戒区域が解除された地域です。いままでは、農業所得のほぼ全額が補填されていたが、解除されて農業を始めると、その補償金が減っていくのではないかと心配されています。現実に減るかどうかは、わかりませんが……。

仮設住宅に移った方々や、避難された方々で、仕事をもてている割合は非常に少ない。補償金で生活せざるをえない方々が、かなりおられます。この方々に、仕事をしながら生活していくほうがやっぱりいいんだということで、仕事の支援、できれば農的な仕事の支援をしていくことが必要だと思います。

もちろん、本人にやる気がなければうまくいかないから、支援方策としてはむずかしいですが、たとえば南相馬市で農業がやれなくなった方が山形県南陽市で苗物の生産拠点をつくって農業をやるというようなケースがぽつぽつ出てきています。そういうケースも応援していくということです。

ただですね、私たちとして一番期待したいことは、退去した方々も含めて、農で生きるという心を捨てないようなかたちでの支援体制ができることだと感じています。

脱原発社会を本当に考えるためのヒント

——農業で覚悟をもって住み続けるという選択

は、子どもの命を守りたい人や逃げたい人を土地にしばりつけ、結果的に農業の後継者や未来を担う子どもの命を奪うことにつながるのではないでしょうか。農業を守る、住み続けるというのは、土地に対する執着だと思われます。

明峯　そう考えるのであればそう判断されたらいいし、別の考えなら別の判断をしたらいいというのが、ぼくの意見です。自分の子どもを農業の後継者とするのか、もっと社会的な意味で農業の後継者をつくっていくのか、それは人によっていろいろです。地域全体で後継者をつくろうと考える地域もあるでしょうし、従来どおり一軒一軒の農家で後継者を育てる地域もあるでしょう。これからの時代、農業の後継者のあり方はいろいろですね。ですから、一概にこうしたらいいと言うつもりはありません。

中島　いまの社会的議論の状況を公平に見ると、ある程度の危険があったとしても、子どもを含めて百姓をすることが百姓の道ではないか、生き方じゃないかという話が、されなさすぎると思います。危ないと指摘する文献はたくさんあるけれど、あなたのやっている農業はものすごく大事だよと言う人が農業関係者も含めて、実はほとんどいません。それを言うと、とたんに攻撃されますから。身の危険を感じるくらい強い攻撃を受けることもあるから、みんなそういうことは言わないという状況が一方であります。いま出されたご意見も含めて、この点をよく考えるべきです。そして、それは福島の問題だけではないと思います。

明峯　一言悪乗りすると、今日この公開討論会を設定したのは、私たちのような超マイナーな意見や立場に、これから脱原発社会を考えていくにあたって非常に重要なヒントがあるということを主張したいと思うからです。何度も言うように、子どもに毒を食べさせたくないというのはおとなの当然の考えであって、食べさせろと言っているつもりはない。でも、そういう正論を主張することはあっても、子どもと一緒に食卓を囲んで子どもを育てていくことがとても大事であるという考え方や主張が、日本の社会では超マイナーになっている。

だから、「そうじゃないでしょ。そういうことだけで議論して、子どもの問題を考えちゃいけないでしょ」とあえて言っているんですよ。いまの日本は、あえてそう言わざるをえないような超保守的な社会ですから、考えてみればそれは一つの理屈だなということが多くの人に共有されていません。

そこに危機感を感じているんです。日本の社会をこれからどうするか考えたとき、子どもの育て方として、そういうことだけでいいのかと言っているわけです。その点を理解していただければ、たいへんありがたいと思います。

福島の農業者からのメッセージ

――最後に、質問票に書かれていた福島の農業者からのメッセージを、かいつまんで読ませていただきます。

「原発から１００㎞のところで有機農業を営んでいる農民です。逃げるか・逃げないか、そこで食べものを生産してよいのか否か、放射能の危険と向き合うときに突き付けられる問題です。

でも、もっと突き付けられたのは、原発がこのようにたくさんある国を許してきたことであり、また、第一次産業を軽んじてきた国に甘んじてきたことだと思いました。土地や地域を捨てて出ていけない暮らしと同時に、福島の自然に生かされてきた暮らしこそ、もっとも守るべき社会のありようであると気づかされました。簡単に捨て去れないことなのだ、守らなければならない社会のありようなのだとメッセージを発するためにも、この地で、自然の摂理に従って生き方を模索するしかないと、いま考えています」

エピローグ

暮らしが変わらなければ、脱原発社会は創れない

現地で一緒に考える

菅野　食べものもエネルギーも暮らし方も、これまで以上に福島と都市のあいだにもっともっと深いつながりを私たちは創っていきたいし、創っていかなければならないと思っています。農業の問題は、農家だけでは解決できません。福島の問題は、福島の人間だけでは解決できません。都市のみなさんと一緒に議論しながら、原発のない社会を創っていきたいと思っているので、よろしくお願いします。

中島　この公開討論会は、日本有機農業学会という学術団体が共催団体です。私もその理事メンバーですけれども、公平にみて、この放射能事故に対して日本有機農業学会はかなり前向きな役割を果たしてきたと思っています。農学という学問は、抽象的に議論するのではなく、まず現地に行って現地で一緒に考えながら課題を解決していくものです。ところが、残念ながら、そういう農学が廃れてきてしまっている。

そのなかで、原発の問題を一つの契機にして、積極的に現地で農家と共に調査し、考えていくという雰囲気が少し広がってきました。その広がりを日本有機農業学会がある意味では主導できたことは、よかったかなと思います。今日のような討

論会を学会が共催するというのはちょっと異例とは思いますが、とてもよかったと思っています。お忙しいなかで小出さんが来ていただいたのが最大の喜びですが、この会場も含めて、お世話になりました。ありがとうございます。

都市的な生活に甘んじてはならない

明峯　有機農業に関連するこういう集まりをなぜ東京でやったのか、考えなければならないと思います。単に農家を支援するという問題ではないと思うわけです。逃げてしまう人生や暮らしと、逃げられない、あるいは逃げることを潔しとしない人生や暮らしは、対極的です。都市的な生活をしていると、食べない、逃げるという選択がいわば自由にできるように思える。しかし、逃げるということは実は幻想なんです。

自分は逃げたつもりでいて、健康のためにもよいようなベストな生活を常に選んできたと思うかもしれないけど、それは都市的生活者の傲慢です。そして、その傲慢さが原発を作ってきた。

いまぼくらが、都心にあるこの場で考えなければならないのは、逃げなければいけない事態が起きたときに、それでも逃げるわけにはいかないという暮らしをどうやって誰もが取り戻せるかなんです。子どもを育てるとき、子どもに食べものを選択するということはいいですよ。だけれど、選択できない暮らしがある。それは自然という大いなるものに規定された暮らしです。現在の日本の社会で辛うじてそういう暮らしを実現しているのは、少数者としての有機農家だけです。だから、有機農家から学ぶことはものすごくたくさんあるでしょ？

それは、支援ではない。自分の暮らし、自分の生き方に、どう取り入れていくのかです。自分の暮らしをどう変えていけるのか。そういう自分の暮らしを変えなければ、日本の社会なんか変わりっこない。

そして、怒らなければダメです。では、誰に怒るのか。政府にも怒るんですが、自分の暮らし方にも怒らなければ駄目でしょう。今回の討論会がそのきっかけになれば、成功です。

ぼくはさっきからずっと思っているんですけれど――言わなければよかったとも後から思うんでしょうが――、誰に怒っているのかというと、みんなに怒っているんですよ。こういう都市的な生活に甘んじてはいけません。選択できるような生活に甘んじているからこそ、原発を支えてきたんです。そうでない暮らしが脱原発社会ですね。

小出さんは反原発と言うけれど、反原発の時代は終わったんですよ。反原発だけでは、原発を止めることも事故を未然に防ぐこともできなかった。原発を必要としない社会、人の暮らしを具体的に構築していこうという脱原発のセンスが、いまこそ必要ですね。反原発、すなわち原発は廃絶しなければならないというのは当然で、それに向けてがんばらなければならない。でも、原発がなくなるだけでは、脱原発社会とはいえない。自分たちの暮らしが変わらなければ、脱原発社会は創れません。

暮らしがどう変わらなければいけないか。逃げられない、逃げるわけにはいかない、ここで踏ん張らなければいけないという暮らしを、ぼくらがどう取り戻すかですよ。そこにすべてがかかっていると思います。

議論を積み重ねていきたい

小出　明峯さんから怒られ倒された小出ですけれども、怒られる理由は私もあると思います。ただし、私が生きてきた歴史のなかで、いま細かくは言えませんが、私は反原発なんです。とにかく原子力に抵抗して、原子力を止めさせよう。そのことだけで、私は生きてきました。

でも、それでは足りないと明峯さんはいまおっしゃいました。もちろん、そうだと思います。原子力を止めさせた後に、いったいどんな社会を築くかが本当は一番大切であって、それを考えなければいけないと思って今日は来ました。

敵というか、私の相手、原子力を進めようとする相手があまりにも強大であったために、私はそれに抵抗するだけで全力を使い尽くしてしまった。農業をこれからどう守っていくのかは、私にとっても非常に重要です。なんとか解を見つけたいと思いながら、今日まで来ました。この公開討論会に寄せていただいたのも、私が納得のいくかたちでその解を見つけたいと思ったからです。

けれども、やはりむずかしすぎる。どうやって、子どもを守りながら、農業を守れるか……。やはり私は立ち止まってしまうことになりました。でも、ずっと立ち止まっているわけにはいきません。こうしたディスカッションをこれからもできるかぎり積み重ねて、新しい世界を構想できるように、私自身も成長したいと思います。今日はありがとうございました。

討論を終えて

個人的なことから始めて恐縮ですが、私が原子力を廃絶したいと思ったのは一九七〇年でした。以後、大きな事故が起きる前に何とか原子力を廃絶したいと思いながら生きてきましたが、一九七九年には米国でスリーマイル島原発事故が起きました。一九八六年には旧ソ連でチェルノブイリ原発事故も起きてしまいました。そして、二〇一一年三月一一日には、ついに日本で福島第一原発事故が起きてしまいました。その事故を防げなかったことを言葉に尽くせず無念に思いますし、原子力の場で生きてきた人間の一人として、どのようにお詫びをすればいいのか、わかりません。

ところが、これまで原子力を進めてきた日本の国家、東京電力をはじめとする電力会社、経団連をはじめとする経営者、原子力の旗を振ってきた学者たちは、まったく責任を取っていません。そして、二〇一二年の総選挙で政権に返り咲いた自民党。日本で原子力を進め、福島原発事故を招いた一番の責任がある政党は、いま止まっている原発の再稼働どころか、新たな原発まで建設すると言い出しました。まことに呆れた国です。本来であれば、事故を起こした責任を取って、頭を丸める、いや刑務所に入らねばならない人たちが、のほほんと権力の座に居続け、事故によって苦難のどん底に突き落とされた人たちは、苦難の底に取り残されたまま、すでに二年が過ぎてしまいました。

まずなすべきは、猛烈な汚染を受けて、強制避難させられた人びとの生活を復興させることです。生活というのは、カネではありません。たとえば、今回の討論で問題になった農民にとっては、土に根差した生き方、生活そのものを回復させせなければいけません。それは決して個人で成り立っていたのではなく、地域のつながり全体で支えられていたはずです。私は今回の討論でも発言しましたが、コミュニティごと移住できるようにしなければいけないと思います。また、日本が「法治国家」だというのであれば、放射線管理区域に指定しなければならないほどの汚染を受けた地域から人びとを全員避難させる責任が国家にありますし、それもコミュニティごと移住させるべきと思います。

そのためには、日本の年間全国家予算を投入しても足りないほどの金銭が必要になるでしょう。しかし、それこそなすべきことなのです。でも、この日本という国家は、それをしない道を選びました。自らが決めた法律を反故にし、自らは一切の責任を取らず、「逃げたい奴は勝手に逃げろ」としてしまいました。そうなれば、逃げられる人はほとんどいません。もちろん、生活を投げ打つという多大な犠牲を払って逃げた人たちもいます。子どもだけは何としても逃がしたいと思い、おとな、とくに父親は汚染地に残り、子どもと母親を逃がした人たちもいます。その人たちが背負った生活の重さ、家庭崩壊の重さをどのように評価すればいいか、私にはわかりません。

そして、いま現在も、またおそらくはこれからも、国家から何の補償も得られないまま汚染地で生きるしかない人たちが、農民も含めてたくさん存在します。今回の討論者の一人である菅野さんもまた、汚染地に残って農業の復興を目指しています。もちろん、福島原発事故の責任が菅野さんにあるわけではなく、一方的な被害者です。放射能の汚染地で自らが被曝をしながら、家族とともに農業を続けています。

日本は極東に浮かぶ小さな島国です。それが、わずか一五〇年ほど前に西欧の圧力によって近代西洋文明にふれ、明治維新を経て、一気に世界の荒波に放り出されました。その中で生きようとして日本は積極的に西洋文明を取り入れ、「科学技術立国」を目指すようになりました。強国になるためには工業こそ発展させなければいけないと思い込み、一次産業を壊滅させてきました。そして、豊かな国になるためにはエネルギーが必要だとして、五〇年で一〇倍になるというほどの勢いでエネルギー浪費を進めてきました。その象徴が原子力だったと私は思います。その原子力が巨大な事故を起こして、大地を放射能で汚染しました。汚染された大地から生産される農産物は、もちろん放射能で汚れます。だが、それを理由に農業を破滅させるようなことをすれば、日本は未来を失います。

福島原発事故は起きてしまいました。残念ながら、私には時間を逆戻りさせる力がありません。そうであれば、この汚染した環境で生きるしかありません。私がやりたいことは二つです。まず何よりも、原子力を選んだことに責任がなく、かつ放射線感受性の高い子どもたちの被曝をできるかぎり減らしたい。次に、これまで破壊し続けてきた一次産業の崩壊を食い止めたい。

すでに、約一〇〇〇㎢に及ぶ猛烈な汚染地帯から一〇万を超える人たちが故郷を追われました。その地域では、残念ながら一次産業も崩壊するしかありません。そして、その外側で放射線管理区域にしなければならない約二万㎢に及ぶ汚染地帯では、人びとが国家によって棄民され、そこでの日々の生活を余儀なくされています。農民は毎日被曝しながら農作物を作っています。本当のことを言えば、そうした農民も逃がしたい、逃げてほしいと私は願いますが、国家が責任を負わないかぎり、おそらくそれはできないでしょう。そうであれば、逃げることもできない農民を支え、一次産業を守りたいと私は思います。

中島さんは、福島では土壌から農作物への放射能の移行率が低く、農産物の汚染濃度が低いと主張されました。たしかに、チェルノブイリ事故に比べればそのとおりで、私もありがたく思います。しかし、それは汚染がないこととは違いますし、きのこやお茶のように移行率の高い作物もあります。

農業を守るというのであれば、きのこやお茶の生産農家も守るべきであり、汚染濃度の高い農産物も消費者が引き受ける覚悟が必要です。そのための方策は今回の討論会で提案しました。それについては本書をお読みください。

一次産業、農業を守るためには、次世代を担う子どもたちも必要です。明峯さんが強調したように、子どもたちがいない農業は崩壊するしかありません。そして、自然にも多様な危険はもちろんあり、多少の危険は子どもたちに負わせてでも、農的な文化を支えるべきだというのが、明峯さんの主張です。けれども、私は、人為的に放射線管理区域にしなければならないほどの汚染地帯をつくった場に子どもたちが生きることを認めることができません。

子どもたちの被曝を少しでも少なくしたい、一次産業を守りたいという私の二つの願いは、根本的な矛盾を含んでいます。それをどのように解決できるのか、その解を求めて私は今回の討論会に参加しました。しかし、もともと解が得られない困難な現実があります。もちろん絶望はできません。少しでもましな方策を今後も求めたいと願います。農作物への移行率を減らす方法、農作業に従事する農民の被曝量を低減する方法など、科学の場からアドバイスすべきことはたくさんあります。私にできることは何でもするつもりです。

ただし、一番大切なことは、私たちがどのような未来を求めているのかを明確にすることでしょう。それができるのであれば、原子力は廃絶できるでしょうし、農業を守るために子どもたちに強いる犠牲も、深く頭を垂れながら、涙を飲んで認めることができるかもしれないと、私は思います。

小出裕章

討論を終えて

原発事故と農業・農村の復興をテーマとしたこの討論会で議論のクライマックスとなったのは、子どもの健康問題でした。放射能の生物への作用には閾値がなく、汚染がたとえ軽度でも人には危険であるという小出さんの主張には、他の討論者も異論はありません。一方で、私などが主張した被災地における第一次産業の復興の大切さも、討論者全員に共通に了解されるものでした。そこで、最終的に議論の焦点となったのが子どもの問題です。

現在収穫されている福島県産の農産物は一部を除いて放射能汚染はゼロに近いということが、菅野さんや中島さんから報告されました。とすると、おばあちゃんやおじいちゃんの育てる野菜を孫たちが食べても、それによる体内被曝のリスクはそれほど恐れることはないということになります。事故そのものの深刻さから考えると、この事実はまさに「奇蹟」ともいうべきでした。

子どもたちにより安全な食べものを与えたいという親の思惑は、詮ないことです。小出さんが言うとおり、そして私もそう考えるのですが、戦後の度重なる核実験やチェルノブイリ原発事故などによって日本列島中、さらに世界中の環境がすでに大なり小なり放射能で汚染されてしまい、それに今回の原発事故が追い打ちをかけました。その結果、放射能汚染から完全に免れうる食べものはどこにもないと考えられるからです。

とすると、汚染がほとんどない、あるとしても軽微と考えられる福島県産の農産物と、他の地域の農産物とのあいだには、私たちが思っていたほど大きな違いがないことになります。つまるところ食べものの放射能汚染からは、私たちは逃げることはできない。好むと好まざるとにかかわらず、私たちは放射能とこれからも当分は〝共存〟せざるをえないと覚悟しなければなりません。

〝放射線管理区域〟に暮らす福島の子どもたちで心配なのは、食べものだけでなく、水や空気による体内被曝、空間放射線量による体外被曝です。子どもを福島にとどめることの大切さを主張する私の立場から言えば、子どもへの最大のケアは、彼らに十分な「保養」の時間を与えることだと思います。基本的には親元で暮らし、地域の学校に通いながら、夏休みや冬休みには定期的に学校ごと、地域ごとに比較的清浄と考えられる場所に疎開するのです。このことが可能に（しかも早急に）なるよう、政府も自治体も東電も最大限の責任を果たさなければなりません。

子どもたちが健康な環境で暮らし、地域の文化を学びながら、その継承者として育っていく。それは、子どもの成長を考えるとき、望むべき当然のことです。ところが、今回の討論では、「健康」と「文化の継承」があたかも二律背反的であるかのように、どちらを優先するべきかという議論になってしまいました。このような議論をせざるをえない状況そのものが、子どもたちにとってきわめて不幸です。こうした事態を招いた原発に、あらためて怒りが湧いてきます。

ところで、ここで私が問題としたのは「文化の継承」でした。農家、とりわけ有機農家には、継承すべき文化、つまり「農的文化」がいまなお確かに息づいています。しかし、大半の人びとが暮らす都市からはすでにそのような文化は廃れ、「都市的文化」が強固に支配しています。大量生産・大量輸送・大量消費・大量廃棄を旨とするこの「都市的文化」が原発を作り、支えてきたことは、いうまでもないでしょう。

したがって、脱原発社会は「農的文化」を中核にしたものになるはずです。だからこそいま、消えていこうとする農的文化に誰もがあらためて向き合い、それを理解し、再生させるべく力を尽くすことが緊急の課題になると思われます。

「農的文化」は、人や地域の「自給」が中核となります。そこで私は、おばあちゃんやおじいちゃんの育てた野菜を食べて育っていくなかで、悩み、苦しみながらも、それでも耕し、種を播き続けようとするおとなたちを傍らで子どもたちが目撃することの大切さを、主張しました。危機にあるいまだからこそ、子どもたちは平時より大切なことを学べるのではないでしょうか。子どもたちがこの危機をばねに大いに学び、真にたくましく成長していくかどうかは、もちろんおとなたちの責任です。

ともあれ、反原発の第一人者としての小出さんの参加なしに、今回の〝ビッグディスカッション〟は不可能でした。人間の、とりわけ未来を担う子どもたちの安全性を何よりも尊重する小出さんの確固とした主張があるからこそ、私などのような〝異論〟にもまた意味があると考えられます。

「危険かもしれないけれど、逃げるわけにはいかない」

福島のこの苦闘が脱原発社会を展望する確かな力となりますよう、そして本書がそれにいささかでも貢献できますよう、心から祈るばかりです。

「3・11」から2度目の春を迎えて

明峯哲夫

●著者紹介●

小出裕章(こいで・ひろあき)
京都大学原子炉実験所助教。
1949年、東京都生まれ。東北大学工学部、同大学院修士課程修了。大学入学時は原子力を未来のエネルギーと考えていた。女川原発に反対する住民に出会い、「安全ならどうして仙台に原発を建設しないのか」と問われ、考え抜き、「原子力と人類は共存できない」という結論に至る。その後、原子力発電を止めさせるために研究者の道を歩む。1974年、京都大学に助手として採用後、伊方原発訴訟に住民側証人として参加。過疎地、労働者を差別する原発と向き合ってきた。主著=『隠される原子力・核の真実』(創史社発行、八月書館発売、2010年)、『原発はいらない』(幻冬舎、2011年)、『原発のない世界へ』(筑摩書房、2011年)など。

明峯哲夫(あけみね・てつお)
農業生物学研究室主宰、NPO法人有機農業技術会議代表理事。
1946年、埼玉県生まれ。北海道大学農学部卒業、同大学院農学研究科博士課程中途退学。専攻は農業生物学(植物生理学)。1970年代初頭から「たまごの会」「やぼ耕作団」など都市住民による自給農場運動に参加しながら、人間と自然、人間と生物との関係について論究を重ねてきた。現在は多くの仲間と共に有機農業技術の理論化・体系化の作業に取り組んでいる。主著=『やぼ耕作団』(風濤社、1985年)、『ぼく達は、なぜ街で耕すか』(風濤社、1990年)、『都市の再生と農の力』(学陽書房、1992年)、『街人たちの楽農宣言』(共編著、コモンズ、1996年)、『有機農業の技術と考え方』(共著、コモンズ、2010年)、『脱原発社会を創る30人の提言』(共著、コモンズ、2011年)など。

中島紀一(なかじま・きいち)
茨城大学名誉教授、NPO法人有機農業技術会議事務局長。
1947年、埼玉県生まれ。東京教育大学農学部卒業。鯉淵学園教授などを経て、2001年から12年まで茨城大学農学部教授。専門は総合農学、農業技術論。日本有機農業学会の設立に参画し、2004年から09年まで会長を務めた。有機農業推進法制定に先立って「農を変えたい!全国運動」を提唱し、その代表も務めた。主著=『食べものと農業はおカネだけでは測れない』(コモンズ、2004年)、『地域と響き合う農学教育の新展開』(編、筑波書房、2008年)、『有機農業の技術と考え方』(共編著、コモンズ、2010年)、『有機農業政策と農の再生』(コモンズ、2011年)、『有機農業の技術とは何か』(農山漁村文化協会、2013年)など。

菅野正寿(すげの・せいじ)
あぶくま高原遊雲の里ファーム主宰、NPO法人福島県有機農業ネットワーク代表、NPO法人ゆうきの里東和ふるさとづくり協議会理事。
1958年、福島県二本松市旧東和町生まれ。農林水産省農業者大学校卒業後、農業に従事。現在、水田2.5ha、野菜・雑穀2ha、雨よけトマト14a、農産加工(餅、おこわ、弁当)による複合経営。編著=『放射能に克つ農の営み』(コモンズ、2012年)、共著=『脱原発社会を創る30人の提言』(コモンズ、2011年)など。

原発事故と農の復興

二〇一三年三月一一日　初版発行

著者　小出裕章・明峯哲夫ほか

企　画　有機農業技術会議

発行者　大江正章

発行所　コモンズ

東京都新宿区下落合一―五―一〇―一〇〇二
TEL〇三（五三八六）六九七二
FAX〇三（五三八六）六九四五
振替　〇〇一一〇―五―四〇〇一二〇
info@commonsonline.co.jp
http://www.commonsonline.co.jp/

印刷・東京創文社／製本・東京美術紙工

乱丁・落丁はお取り替えいたします。

ISBN 978-4-86187-103-0 C0030

＊好評の既刊書

脱原発社会を創る30人の提言
●池澤夏樹・坂本龍一・池上彰・小出裕章ほか　本体1500円＋税

原発も温暖化もない未来を創る
●平田仁子編著　本体1600円＋税

放射能に克つ農の営み　ふくしまから希望の復興へ
●菅野正寿・長谷川浩編著　本体1900円＋税

地産地消と学校給食　有機農業と食育のまちづくり〈有機農業選書1〉
●安井孝　本体1800円＋税

有機農業政策と農の再生　新たな農本の地平へ〈有機農業選書2〉
●中島紀一　本体1800円＋税

ぼくが百姓になった理由　山村でめざす自給知足〈有機農業選書3〉
●浅見彰宏　本体1900円＋税

食べものとエネルギーの自産自消〈有機農業選書4〉
●長谷川浩　本体1800円＋税

食べものと農業はおカネだけでは測れない
●中島紀一　本体1700円＋税

有機農業の技術と考え方
●中島紀一・金子美登・西村和雄編著　本体2500円＋税

脱成長の道　分かち合いの社会を創る
●勝俣誠／マルク・アンベール編著　本体1900円＋税

子どもを放射能から守るレシピ77
●境野米子　本体1500円＋税

放射能にまけない！　簡単マクロビオティックレシピ88
●大久保地和子　本体1600円＋税